# 企業問題分析與解決

## 分析與解決

### 近2,000場次輔導培訓實戰經驗

Problem Solving Program, PSP

皇牌名師
石博仁◎著

# 作者介紹

## 石博仁

現任育群創企管顧問（股）公司總經理，以及多家企業指定外聘講師。曾任職於服務業、製造業、高科技業，從基層做起，歷經專員、副理、代理副總、總經理等管理職位，以及哈佛商學院出版品（HBSP）企業數位學習菁英講師（認證）。

石老師的授課「幽默風趣」，手法生動活潑，以及「簡單易懂」的清晰表達，與學員互動不斷，激發學習意願，提升學員參與投入。再者，豐富的顧問輔導經驗結合實務案例的深度剖析，課程內容兼具「系統結構」與「條理分明」，引導學員深入思考，即時演練、即時回饋精闢準確的見解，使學員現學現用、立即上手，堪為企業培訓之楷模。

在培訓講師與管理顧問領域，授課與輔導近2,000場次實戰經驗，主要代表實績：

## 一、講師授課／培訓

### ■科技業

宏碁電腦（Acer）、廣達電腦、仁寶電腦、明基集團（BenQ）、士林電機、日月光半導體、景碩科技、景智電子、鉅晶電子、群聯電子、台灣晶技、金寶電子、昇陽光電、勝華科

技、燿華電子、禾伸堂企業、南亞科技、瑞晶電子、茂德科技、台揚科技、久元電子、泰林科技、光磊科技、全科科技、鍊德科技、鈺德科技、一詮精密、中國砂輪、均豪精密、鼎元光電、聯相光電、太陽光電能源科技、智邦科技、安勤科技、漢民系統、大同世界科技、友訊科技（D-Link）、明泰科技、譁裕實業、亞泰影像、東碩資訊、力銘科技、必恩威亞太、宇瞻科技、三聯科技、驊陞科技、佳邦科技、資拓科技、奕力科技、上奇科技、台灣東電化（TDK）、廈門TDK、青島TDK、建準電機、旭硝子顯示玻璃、中化生醫科技、積智日通卡、律勝科技、頂晶科技、欣相光電、飛虹積體電路、典範半導體、光寶科技、建興電子、達方電子、鑫材科技、達信科技、笙泉科技、聯易科技、光環科技、碩達科技、瑞佑科技、宏道科技、鈺瀚科技、悠景科技、聯嘉光電、整技科技、主向位科技、技鼎公司、宣茂科技、台宙科技、誠泰科技、台灣橫河、清展科技、君牧塑膠科技、雙模國際等。

■ 製造業

遠東集團、三陽工業、台灣日立、台橡公司、聲寶公司、長榮空廚、冠軍建材、和大工業、歐旻集團、東筦歐旻企業、越南歐旻企業、化新精密、中化製藥、台灣扣具工業、亞翔工程、燁輝鋼鐵、燁茂鋼鐵、中鴻鋼鐵、鴻利鋼鐵、華成鋼模、震南鐵線、繼茂橡膠、東碩資訊、凱撒衛浴、立大開發、立業貿易、久聯化學、晉一化工、立大化工、立農化學、勝霖藥品、安成藥

業、嘉信遊艇、富味鄉食品、莊宏億軸承、高成建設、冠億齒輪、友聯車材、虹銘公司、雄雞企業、不二家糕餅、奉珊工業、錦德企業、成貫企業、巴堂蛋糕、家鄉食品等。

## ■服務業

信義房屋、中華電信、國泰世華銀行、兆豐金控、日盛金控、國泰人壽、國泰產險、三商人壽、康健人壽、大榮貨運、柏泓媒體、媚登峰集團、曼都國際、快樂麗康集團、義大醫院、新樓醫院、聖保祿醫院、關貿網路、哈佛健診、佑全連鎖藥局、佑康連鎖藥局、龍騰文化、日商倍樂生（巧連智）、台灣象印、醫全實業、世紀沙龍連鎖、吉恩立數位科技、環球購物中心、床的世界、言瑞租賃、長行行銷、鴻利全球、捌零捌陸電訊、燦紘貿易、立保保全、宏倫保全、日月知識、柯達大飯店、西華餐廳、特香齋西餐廳、東海漁村餐廳、凱恩斯餐廳、**Mr. Stone**餐廳、浪漫一生餐廳、大興出版、高感流行服飾、舒博運動用品、佳園幼稚園、明園幼稚園等。

## ■工商團體

**WBSA**世界商務策劃師聯合會、鼎新知識學院、中華汽車培訓中心、**YAMAHA**協力廠商交流會、三陽工業協力會、中國生產力中心、台灣**PCB**學院、商業總會、南部科學工業園區管理局、台灣電信公會、中華民國直銷協會、中華民國資訊軟體協會、台中縣 糕餅公會、台南市糕餅公會、高雄市糕餅公會、台北

市幼教協會、高雄市幼教協會、台中市幼教協會、高雄縣幼教協會、高雄市補教協會、高雄縣補教協會、高雄市飯店公會、基隆市飯店公會、台北市工業會、新竹縣工業會、高雄市工業會、嘉義縣工業會、高雄市水處理器公會等。

## 二、顧問輔導／諮詢

### ■製造業

太子建設、瀚宇彩晶、律勝科技、誠泰科技、繼茂橡膠、嘉信遊艇、君牧塑膠科技、高成建設、莊宏億軸承、雄雞企業、不二家糕餅、奉珊工業、錦德企業、錦燁企業、成貫企業、家鄉食品等企業。

### ■服務業

兆豐金控、大眾證券、三聯科技、聯易科技、柯達大飯店、板橋國泰醫院、柯瑞祥醫院、郭聯合診所、西華餐廳、特香齋西餐廳、東海漁村餐廳、凱恩斯餐廳、Mr. Stone餐廳、浪漫一生餐廳、大輿出版、高感流行服飾、舒博運動用品、佳園幼稚園、明園幼稚園、巴堂蛋糕等企業。

感謝您的閱讀～歡迎專業交流～
石老師網站：www.ezdone.com.tw
石老師部落格：http://tw.myblog.yahoo.com/stone-family
e-mail：hr@ezdone.com.tw
hr.ezdone@msa.hinet.net

〈作者序〉

# 贏在問題解決力

　　職能的概念源自於哈佛大學心理學David McClelland教授（1973）所倡導的職能評鑑法（Job Competence Assessment, JCA），透過分析績效好的員工與績效差的員工間之「行為」差異，當作職能的評鑑指標。然後歷經不斷的發展與驗證，不僅對人力資源的績效發展產生革命性的影響，並且獲得歐美各國大企業的普遍應用，至今全球超過42個國家、10,000家企業導入職能評鑑與發展。

　　職能的英文是Competency，來自於拉丁語Competere，意思是適當的，如果把字首compete（競爭）的概念融入，更能夠使我們理解為，該「職」務與績效表現具有因果相關的「能」力稱為「職能」。也是指一個人所具有的潛在特質，而這些潛在特質，也可以說是知識、態度、技能或其他行為的綜合展現。

　　職能（Competency）與知識（Knowledge）有何差別？職能起源於美國，主要的焦點以「人」為主，目的是運用於追求最佳績效，是一種動態的發展；知識起源於英國，主要的焦點以「工作」為主，目的是適用於職務的最低需求，是一種靜態的規範，例如在學校所學習的程式設計、統計分析、會計作帳等。令我們

尊崇的企業家王永慶、許文龍、郭台銘等，雖然學歷不高，但在職場上的績效展現卻是相當的「卓越」，關鍵在於擁有高度的職能，因此，如果沒有職能，那談何績效？

一般而言，職能發展程度可分成學習、應用、指導與卓越等四個Level。

第一階段L1（Level 1的簡稱）為學習階段：主要為「knowing」認知部分，是一種結構性的系統思考、質疑、體會與領悟。

第二階段L2（Level 2的簡稱）為應用階段：主要為「doing」運用部分，是一種行為面的身體力行，以及排除困難與障礙的有效執行。

第三階段L3（Level3的簡稱）為指導階段：主要為「coaching」教導部分，是一種激發他人學習意願，以及運用講授、提問、解惑等技巧，來提升他人能力，以利使他人達到學習與應用之階段。

第四階段L4（Level4的簡稱）為卓越階段：主要為「outstanding」超群部分，是一種具有突出顯著的績效成果或事蹟，已到達卓絕群倫、出類拔萃的程度，堪為眾人學習仿效的標竿對象。

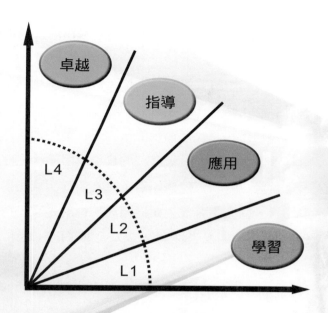

　　L1與L2的發展階段是可以相互交錯的，作者比較著重在L2的發展階段，也就是我們常說的：「邊做邊學習」，因為在身體力行的同時，遇上「正向」的順境，以及「反向」的逆境，將有助於學習階段的認知趨於完整，也就是「不經一事，不長一智」的道理。

　　在相較於L1與L2階段，L1較著重於想法與說法，L2則著重於做法（也就是行為），那麼，L1與L2哪一階段與工作績效有強烈的因果相關？答案已呼之欲出，顯然是L2的做法（行為）。

所以，在企業上所關注的工作績效，就如同關注員工L2的行為事件；也正如「讀經千萬遍（L1），不如實際做一遍（L2）」的道理。因此，展現工作績效的同時，是否也應將「想到」、「說到」與「做到」等三者，一氣呵成為「知行合一」。

L1到L4的發展階段是循序漸進的，一步一腳印地紮紮實實匍匐前進，倘若僅有L1而已，尚未有L2的實務運用經驗，就進入L3指導他人，是有些風險的，就猶如看了幾本游泳相關的書籍，但從未下水游過泳，就來指導他人如何游泳。也就是說，穩健地打好地基（L1、L2），才是良性發展摩天大樓（L3、L4）的生態工法。

有的將Competency翻譯成「職能」、「才能」、「能力」、「知能」等等，在企業界普遍使用的是「職能」名稱，可分為核心職能、管理職能、專業職能等三大部分，如下：

1.核心職能（Core Competency）：組織內所有成員為了展現工作績效應具備的能力。

2.管理職能（Management Competency）：為了實現組織願景與策略目標應具備的管理能力，主要適用於經營者、主管人員與儲備主管等。

3.專業職能（Functional Competency）：依各部門之專業功能提供服務價值應具備的能力。

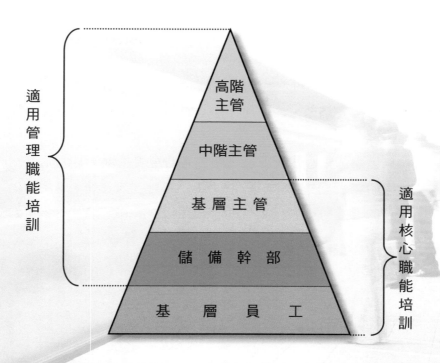

適用管理職能培訓

高階主管

中階主管

基層主管

儲備幹部

基層員工

適用核心職能培訓

關於管理職能的部分，筆者在2011年1月出版的著作《管理職能實務》中，已歸納出企業界常用的項目，例如：職能選才與面談、高效時間與會議、授權分配與排序、問題解決與改善、績效溝通與面談、領導激勵與培育、KPI與目標管理、策略規劃與擬定等八項，在此不再贅述。

然而，核心職能在人力資源的運用主要在於，找出哪些是導致管理工作上表現績效所需的能力，藉之協助組織或個人提升工作績效，以落實企業的整體發展與競爭優勢。企業界普遍使用的不外乎：團隊合作、主動積極、持續學習、責任感、創新求變及

進行突破性思考、客戶導向、品質管理、反應速度、良好的工作態度、穩定度與抗壓性、表達與溝通能力、學習意願與可塑性、主動發覺、解決問題、生涯規劃、時間管理、樂在工作、情緒管理EQ、提升創造力、執行力、建立成功的工作習慣、適應能力等項目。

　　以上幾個核心職能項目之間，有的意義接近、有的定義不清、有的無法產出訓練成果等，所以，筆者整理出企業常用簡化且實務的項目，發展出四大構面環環相扣的「核心職能」模組如下：

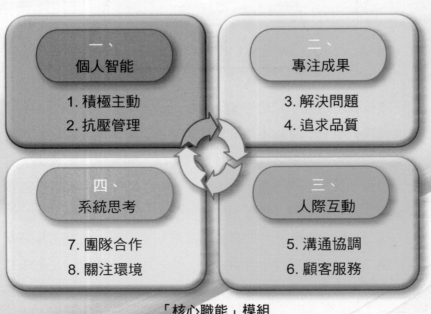

一、
個人智能
1. 積極主動
2. 抗壓管理

二、
專注成果
3. 解決問題
4. 追求品質

四、
系統思考
7. 團隊合作
8. 關注環境

三、
人際互動
5. 溝通協調
6. 顧客服務

「核心職能」模組

然而，企業面臨瞬息萬變，如何有效的因應顧客需求、找出問題，進而解決困境跳脫紅海，其中的關鍵就在於「問題分析與解決」這項職能。經「企業20大職能」調查統計，「問題解決」以25.3%的重要性排名第一，更重要的是，問題解決的能力已經成為企業選才員工核心職能的第一名，顯示企業相當重視員工對問題的分析與解決能力。管理大師大前研一在《即戰力》一書提到，將「問題解決力」列為新世代菁英的必備能力之一。

　　蘋果CEO史帝夫‧賈伯斯（Steve Jobs）深具創意，擁有絕對的自信，而且能夠堅持到底「讓世界更美好」的信念，以上是他之所以成功的完全原因嗎？不，還有一個，那就是「解決問題的能力」，因為，他感性的創造驚奇給世人，源自於理性地解決更多問題。台積電董事長張忠謀也指出，經理人最大的責任是在於「知道方向、找出重點以及想出解決問題的辦法」，更近一步地指出，與其在履歷自傳寫滿了頭銜、經手多少預算、掌管多大部門，還不如寫出曾為公司處理過多少難題，因為，會動腦、能夠邏輯思考、具備發現並解決問題的能力，才是真正的人才。因此，毫無疑問地，企業管理者，事實上就是問題解決者。

　　一向推動環保節能和企業社會責任的台達電董事長鄭崇華，屢屢提及台灣令人憂心的教育問題，強烈質疑不訓練學生思考的教育制度，造成員工往往只會死記老闆說的話，不去思考是否有更聰明的方式解決問題，因此，他希望訓練課程的內容應懂得去啟發學員思考，激勵學員的創造力。另外，再以曾獲得「亞洲最

佳雇主」殊榮的福特六和來觀察,所有的員工必須接受「問題解決」線上學習,晉升到工程師另需安排八小時的訓練課程;在訓練的過程中,不僅上完課要寫書面報告,問題發生時也要進行簡報。就金融業來觀察,銀行內控問題備受各界關注,只要某個環節出現瑕疵問題,很可能會造成銀行的損失,甚至影響商業信譽。

因此,筆者將實際在企業授課「問題分析與解決」的內容,企業人員的解決問題實務運用,以及課程中我與學員的提問解答,在我所認知與理解的範圍內加以整理,就這樣,這本書就問世了。

筆者在輔導與培訓企業近2,000場次的實戰經驗中,無論是高科技業、服務業或是傳統產業,一般企業經常遇見的問題,諸如:營收、盈餘、毛利、應收款、存貨、客訴、待料、良率、成本、交期、公安、環保、加班、離職、訓練、績效等。歸納出解決問題的工具有五大步驟(5 Discipline),簡稱為5D,如下:

D1-第一步驟:釐清現象(Phenomenon Characterization)

D2-第二步驟:確認問題(Problem Identification)

D3-第三步驟:找出原因(Finding Out the Cause)

D4-第四步驟:制定對策(Working Out Countermeasures)

D5-第五步驟:行動追蹤(Action Tracking)

　　另一種解決問題的工具是沿用福特汽車公司所發展之八大步驟（8 Discipline）的精神，以「團隊導向」將問題進行分析，並提出永久解決及改善的方法，作業完成時輸出8D報告，簡稱8D或8D Report，如下：

D0-行前準備：是否適用以8D程序來解決問題
　　　（Prepare for the 8D Process）
D1-第一步驟：定義問題（Define the Problem）
D2-第二步驟：成立解決問題小組與設定目標
　　　（Establish a Problem Solving Team and Set Up a Target）
D3-第三步驟：擬定暫時性對策
　　　（Work Out a Tentative Countermeasure）
D4-第四步驟：找出問題真正原因
　　　（Find Out the Real Cause of the Problem）
D5-第五步驟：發展可行性對策
　　　（Develop Feasible Countermeasure）
D6-第六步驟：選定永久性對策
　　　（Select the Permanent Countermeasure）
D7-第七步驟：執行及驗證永久對策
　　　（Carry Out and Verify the Permanent Countermeasure）
D8-第八步驟：防止再發及標準化
　　　（Prevent Recurrence and Get Standardization）

無論是使用5D或8D的管理工具，都可運用於問題分析與解決，而且是有關聯性的，互不衝突。如下表：

| 5 Discipline（簡稱 5D） | 8 Discipline（簡稱 8D） |
| --- | --- |
| D1- 第一步驟：釐清現象<br>Phenomenon Characterization | D0- 行前準備：是否適用以 8D 程序來解決問題<br>Prepare for the 8D Process |
| D2- 第二步驟：確認問題<br>Problem Identification | D1- 第一步驟：定義問題<br>Define the Problem<br>D2- 第二步驟：成立解決問題小組與設定目標<br>Establish a Problem Solving Team and Set Up a Target<br>D3- 第三步驟：擬定暫時性對策<br>Work Out a Tentative Countermeasure |
| D3- 第三步驟：找出原因<br>Finding Out the Cause | D4- 第四步驟：找出問題真正原因<br>Find Out the Real Cause of the Problem |
| D4- 第四步驟：制定對策<br>Working Out Countermeasures | D5- 第五步驟：發展可行性對策<br>Develop Feasible Countermeasure<br>D6- 第六 步驟：選定永久性對策<br>Select the Permanent Countermeasure |
| D5- 第五步驟：行動追蹤<br>Action Tracking | D7- 第七步驟：執行及驗證永久對策<br>Carry Out and Verify the Permanent Countermeasure<br>D8- 第八步驟：防止再發及標準化<br>Prevent Recurrence and Get Standardization |

所以，這本書以5D為架構（各分別為第1章至第4章）來說明8D的內容與程序，建立企業在團隊之間的共同語言，讓問題的思考更嚴謹，彼此的溝通更順暢，解決問題更快速有效。

　　麥肯錫（McKinsey）顧問公司董事、歐洲地區製造業諮詢業務負責人史帝凡·羅根霍佛（Stefan Roggenhofer），以三年時間協助年營收約270億美元的法國空中巴士（Airbus）公司改善生產流程，讓生產率提升25%，瑕疵率降低五成以上，真正主要關鍵在於「改變看問題的態度」，驅動所有員工一起進行全面的改進，不將「問題」看成一件壞事，反而是將「解決問題」視為改善的機會。藉此，增列第5章〈進階分析與解決〉來說明如何改變看待問題的內在力量，提升問題解決的創新能力，使得企業競爭力更上一層樓。

　　在專業能力要求愈來愈高的工作職場裡，如果只懂得勤奮爆肝，只不過是一種美德，缺乏應變與解決問題的能力，可能很快就會被淘汰。其實解決問題並不難，本書指引出解決問題正確的方法與步驟，以及積極正面的看待問題，是企業人員必備的管理工具書，也是為企業主管人員、專案經理人、儲備幹部、有志成為主管、展開職場規劃的新鮮人，或是大專院校師生等所撰寫的。本書的主要目的，是幫助那些眼神閃耀著前瞻遠見，血液澎湃著強烈決心，身體力行著排除萬難的人，能夠一次輕鬆完全搞定企劃邏輯、思考邏輯、簡報邏輯，以及解決問題邏輯。

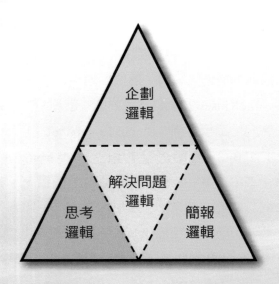

　　如果在解決問題的過程中，感覺困難，代表「能力」不夠；感覺麻煩，代表「方法」不對。那麼，本書能夠讓讀者提升解決問題的「能力」與「方法」，使得解決「事」的難題「化繁為簡」，以及解決「人」的難題「離苦得樂」，並且在職場的績效上加值加分，我將萬分榮幸！

　　在整個編寫的過程中，引用和參考了諸多企業先進、企管顧問、學者專家以及課程學員的實戰精華，才能實現出版此書，個人由衷地深表感恩。由於作者的學經歷有限，難免有些疏漏或不足之處，懇請惠賜指正。同時，本書版稅所得將全數捐贈教育公益，做為深耕教育推廣之用。

　　接下來，本書針對現代企業問題的特點與全球趨勢的融合，進行最實務的推演與說明，使讀者在瞬息萬變、問題叢生的環境中脫穎而出，在完全競爭的市場中洞察機先、防微杜漸、捷足先登。

　　好好地享受解決問題的樂趣吧！

石博仁

# CONTENTS 目錄

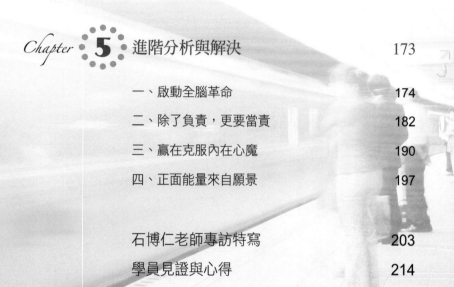

# 五分鐘快易通──「問題分析與解決」

## 一、釐清真相定義問題

　　企業面臨瞬息萬變，如何有效的因應組織變革、找出問題，進而解決困境的能力，其中的關鍵就在於「問題解決與改善」這項職能。經「企業20大職能」調查統計，「問題解決」以25.3%的重要性排名第一，顯示企業相當重視員工的辨識、分析與解決問題的能力。管理大師大前研一在《即戰力》一書中，將「問題解決力」列為新世代菁英的必備能力之一，另外再以曾獲得「亞洲最佳雇主」殊榮的福特六和來觀察，所有的員工必須接受「問題解決」線上學習，晉升到工程師另需安排八小時的訓練課程；在訓練的過程中，不僅上完課要寫書面報告，問題發生時也要進行簡報。就金融業來觀察，銀行內控問題備受各界關注，只要某個環節出現瑕疵問題，很可能會造成銀行的損失，甚至影響商業信譽。因此，不分產業性質，企業相當重視「問題解決」。

　　解決問題的首要步驟，應該是先自問「到底問題出在哪裡？」、「什麼才是問題？」，由感受到問題的存在開始，再進一步探討問題的類型，這種不斷自己問自己的「質問能力」，也是不可或缺的自我訓練。當以下兩個狀況，其中之一發生時，企業的問題就顯現了。

　　第一種狀況：現況（實際狀態）與標準作業程序（SOP）之

間有「落差」。

例如：一件包裝的標準作業流程需要3小時完成，有一次，某員工卻花了近5小時才包裝完成，這種進度的「落差」，是一種問題。

第二種狀況：現況（實際狀態）與目標值（或關鍵績效指標KPI）之間有「落差」。

例如：預計今年第一季營收1億，但到季末結算，實際營收只有7,000萬而已。這種營收目標的「落差」，也是一種問題。

在筆者授課的企業當中，對主管人員而言，面臨解決的問題大多以第二種狀況居多。經常發現除了改善營收下滑外，尚可歸類為Q、C、D、S等四大類別。

| 類別 | 相關改善目標項目 |
|------|------------------|
| Q 品質（Quality） | 不良率上升、客訴增加、顧客滿意度降低 |
| C 成本（Cost） | 加班時數過長、人員流動率上升、庫存過高 |
| D 交期（Due） | 交貨延遲、回應太慢、等待過久、工程時數過長、研發時程過長 |
| S 安全（Safety） | 工安事件頻傳、環境衛生不佳 |

當你明確描述問題的定義，應進一步地掌握問題發生的「人事時地物」，訣竅就在於刻意地提問「5W2H」，以交貨達成率偏低為例：

「哪些商品交貨延遲?」（What）

「交貨延遲會在哪幾個時段發生?」（When）

「哪幾個部門或工作站,造成作業延遲?」（Where）

「是如何發生的?」（How）

「交貨延遲到什麼程度?」（How Much）

「是誰承辦或負責的?」（Who）

「為什麼會發生交貨延遲?」（Why）

　　只要以提問「5W2H」來擴展思維模式,便可以引導出整個問題的全貌,你是否有發現,明確的將問題定義與描述,就等於解決問題的一半,有些時候精確的陳述問題比解決問題還來得重要。

## 二、找出真正原因

　　每一個問題的發生一定是事出必有「因」,所以,緊接著是就「為何會發生問題」去探究原因。我們可以先構思問題好像一座冰山,有的原因在冰山以上是可以看到的,有的原因是在冰山以下是看不到的,運用「5W1H」,反覆提出五次為什麼（5Why）,針對問題垂直式思考,一層又一層地深入探討原因,最後找到真因與提出方法解決（1How）。有時候簡單的事件可能4W、3W或2W即可找出真正的原因。

　　舉個例子，在辦公室聞到廁所的異味，這種類似的問題，反覆提出五次為什麼（5Why），垂直式地思考探討原因。

| 質問 Why | 找出原因 |
|---|---|
| 1. 為什麼廁所有異味？ | 1. 因為馬桶沖水量不足 |
| 2. 為什麼沖水量會不足？ | 2. 因為儲存水位不足 |
| 3. 為什麼儲存水位會不足？ | 3. 因為幫浦失靈了 |
| 4. 為什麼幫浦會失靈？ | 4. 因為輪軸耗損了 |
| 5. 為什麼輪軸會耗損？ | 5. 因為雜質跑到裡面去了 |

　　問題的發生並非僅有單一原因而已，大部分是多重原因所構成的，所以，一般企業在解決問題時，採用團隊（4～8人）共同討論解決的方式，絕對比個人的效益高出很多，因此，茲歸納出團隊分析多重原因的方法，有如下幾種：

## (一)CBS法（Card Brainstorming）

　　是一種使用卡片的腦力激盪法。本法進行時，小組成員先作自我沉思，將沉思構想寫在卡片上，是一個融合個人思考與集體思考的方法，也可以是腦力激盪法（BS）的改良技法。在使用CBS法的過程中，團隊成員的構思自由奔放，而且想法愈多愈好，彼此間禁止批評別人的想法，最後再進行整合與改進。

## (二)KJ法

KJ法是日本人川喜田二郎（Kawakita Jiro）所開發的方法，其所衍生的應用方法十分多，應用的範圍也相當廣泛。無論簡單的或複雜的問題，都可以用KJ法來處理，使問題的內容或構造變得清晰而易於掌握。KJ法簡單地說，就是利用卡片做歸類的方法。這個方法同時有一個好處，那就是因為採用卡片填寫及輪流說明的方式，讓每一位成員都有表達自己想法和觀念的機會，而不是只有勇於發言的少數人貢獻他們的智慧而已。

## (三)要因分析法

一個問題的特性受到一些要因的影響時，我們將這些要因加以整理成為有相互關係而且有條理的圖形。這個圖形稱為特性要因圖。將問題的原因分成為一次因、二次因、三次因，而繪製成特性要因圖，此圖其像魚骨，故又稱魚骨圖。

## (四)心智圖法

心智圖法在1970年代由英國的東尼·博贊（Tony Buzan）先生所研發。他研究心理學、腦神經生理學、語言學、神經語言學、資訊理論、記憶技巧、理解力、創意思考及一般科學，並曾試著將腦皮層關於文字與顏色的技巧合用，發現因作筆記的方法改變而大大地增加了至少超過百分之百的記憶力。

逐漸地，整個架構慢慢形成，Tony Buzan也開始訓練一群被稱為「學習障礙者」、「閱讀能力喪失」的族群，這些被稱為失

敗者或曾被放棄的學生，很快的變成好學生，其中更有一部分成為同年紀中的佼佼者。1971年Tony Buzan開始將他的研究成果集結成書，慢慢形成了放射性思考（Radiant Thinking）和心智圖法（Mind Mapping）的概念。

## 三、制定對策優先順序

　　針對問題解決的對策，必須有清晰的邏輯軌跡可依循，避免為了解決了A問題而使得核心競爭力減分，甚至有的解決了A問題而產生另一個B問題。尤其是解決行銷策略上的問題，首先必須釐清你的定位與價值為何？再來深入探討策略為何？因此，以下三個「提問」如果你仔細的思考討論且完整地回答，問題解決的對策就呼之欲出了。

Q1：你的主要顧客是誰？

　　市場區隔是以哪一族群為主。

Q2：提供顧客認知的差異化價值為何？

　　主要的差異化價值是價格、品質、便利、功能、夥伴、品牌或者其他。

Q3：你的改善對策為何（5P）？

　　產品（Product）、價格（Price）、通路（Place）、促銷（Promotion）、公關（Public Relation）等。

也就是說，第一個問題「你的顧客是誰？」是第一大母規則，第二個問題「提供顧客認知的差異化價值為何？」是第二大母規則，再來延伸出第三個問題「你的改善對策為何（5P）？」的子規則，如果我們解決問題的對策（子規則）與第一大母規則或第二大母規則有所抵觸或衝突時，則很有可能使得核心競爭力減分，甚至會產生另一個問題。

以星巴克咖啡（Starbucks Coffee）為例，說明如下：

**Q1：主要顧客是誰？（第一大母規則）**

主要是以上班族為主。

**Q2：提供顧客認知的差異化價值為何？（第二大母規則）**

營造輕鬆愉悅的喝咖啡環境（賣的不只是一杯咖啡，而是整體店鋪喝咖啡的形象）。

有一次星巴克咖啡店鋪業績下滑時，尋求提升業績的對策，有人提議：

> 「根據來店人數的統計，在中午與晚上用餐的時段人數明顯減少，如果我們增加用餐的服務（如火鍋、套餐等），可以提升店鋪業績，更何況其他咖啡店都有提供用餐的服務。」

　　乍聽之下相當有道理，而且是我們常聽到的「市場滲透策略」，但仔細的推敲思考，提供了用餐服務雖然可以在短期內創造業績，可是：

　　　　中長期的發展呢？

　　　　煮火鍋的咖啡店還能營造出喝咖啡的氣氛？

　　　　定位是否會走向用餐為主喝咖啡為輔？

　　　　用餐是否將稀釋了差異化價值？

　　很明顯的，改善對策（子規則）已與第二大母規則有所抵觸或衝突，所以聰明的星巴克咖啡至今並未提供用餐服務，因為他們深知降低核心競爭力的改善對策，對於中長期而言，將會得不償失。

　　改善對策大部分也是多重的對策，所以在解決探索型的問題時，針對原因總覽圖找出6～8個主要原因，其中，每個原因發展出1～2個對策。

　　在有限資源講究經濟效益的前提之下，並非每一項改善對策都要落實執行，祕訣在於選定每一項改善對策，應以「時效性、可行性、成效性、投資額」等四大關鍵要素來做決策分析，審慎評估是否付諸執行的先後順序。也就是說，對策所花的時間愈少，則效益愈高；可行性（過程）愈高，則效益愈高；成效性

（成果）愈高，則效益愈高；投資額（成本）愈低，則效益愈高，最後排定前4～6項的改善對策，就可以考慮優先實施改善了。

## 四、行動計畫追蹤成效

可行性的對策要有具體方案，以及行動計畫與步驟（可使用甘特圖法），並且預先規劃完成日、追蹤日與實際完成日，明確各階段主辦與協辦相關人員，檢視與查核並階段性的成果。

最後，將有效的永久性對策告知相關人員，並列入防錯系統，例如：產品標準化、作業流程標準化或電腦化等。

閱讀到這裡，你是否已經歸納出「問題分析、解決與報告技巧」，依序分為哪幾個步驟？一般企業有的使用五大步驟，也有使用八大步驟：

| 5 Discipline（簡稱 5D） | 8 Discipline（簡稱 8D） |
| --- | --- |
| D1- 第一步驟：釐清現象<br>Phenomenon Characterization | D0- 行前準備：是否適用以 8D 程序來解決問題<br>Prepare for the 8D Process |
| D2- 第二步驟：確認問題<br>Problem Identification | D1- 第一步驟：定義問題<br>Define the Problem<br>D2- 第二步驟：成立解決問題小組與設定目標<br>Establish a Problem Solving Team and Set Up a Target<br>D3- 第三步驟：擬定暫時性對策<br>Work Out a Tentative Countermeasure |

| | |
|---|---|
| D3- 第三步驟：找出原因<br>Finding Out the Cause | D4- 第四步驟：找出問題真正原因<br>Find Out the Real Cause of the Problem |
| D4- 第四步驟：制定對策<br>Working Out Countermeasures | D5- 第五步驟：發展可行性對策<br>Develop Feasible Countermeasure<br>D6- 第六步驟：選定永久性對策<br>Select the Permanent Countermeasure |
| D5- 第五步驟：行動追蹤<br>Action Tracking | D7- 第七步驟：執行及驗證永久對策<br>Carry Out and Verify the Permanent Countermeasure<br>D8- 第八步驟：防止再發及標準化<br>Prevent Recurrence and Get Standardization |

　　問題解決與改善的技巧，如能運用以上「結構式」的步驟（5D或8D），它會迫使你以一種縝密的方式來思考問題，也會督促你用不同的角度、變通的方式來解決問題。找一件你目前正在困擾的探索型問題，用這幾個步驟來想一想，而且練習實作看看。你將會領悟到，問題發生的原因，原來是有這麼多面向構成的，解決問題的改善對策也可以這麼有經濟效益。

　　總而言之，問題解決與改善的關鍵在於決心與方法，如果我們感覺困難，代表能力不夠；感覺麻煩，代表方法不對。不要因為困難或麻煩而半途而廢，因為大多失敗的人是找藉口的，成功的人找方法來克服的。倘若我們平時多培養系統性管理能力、專業能力與EQ能力將有助於問題的解決與改善。

　　你的問題或者公司的問題仍然層出不窮？還是不斷地、一而再地重複發生？趕快找出問題的原因，針對「可控的」原因優先

對治它，因為可控的是比較容易改變它，也比較容易改善它（較符合經濟效益），方法總比問題多的，面對它就處理它，做就對了！三、五年後，當你回頭檢視解決問題的點點滴滴，你會發現這些過程是進步的動力，也是成長的足跡，這樣的你，無論到哪裡都會被企業以禮相迎！

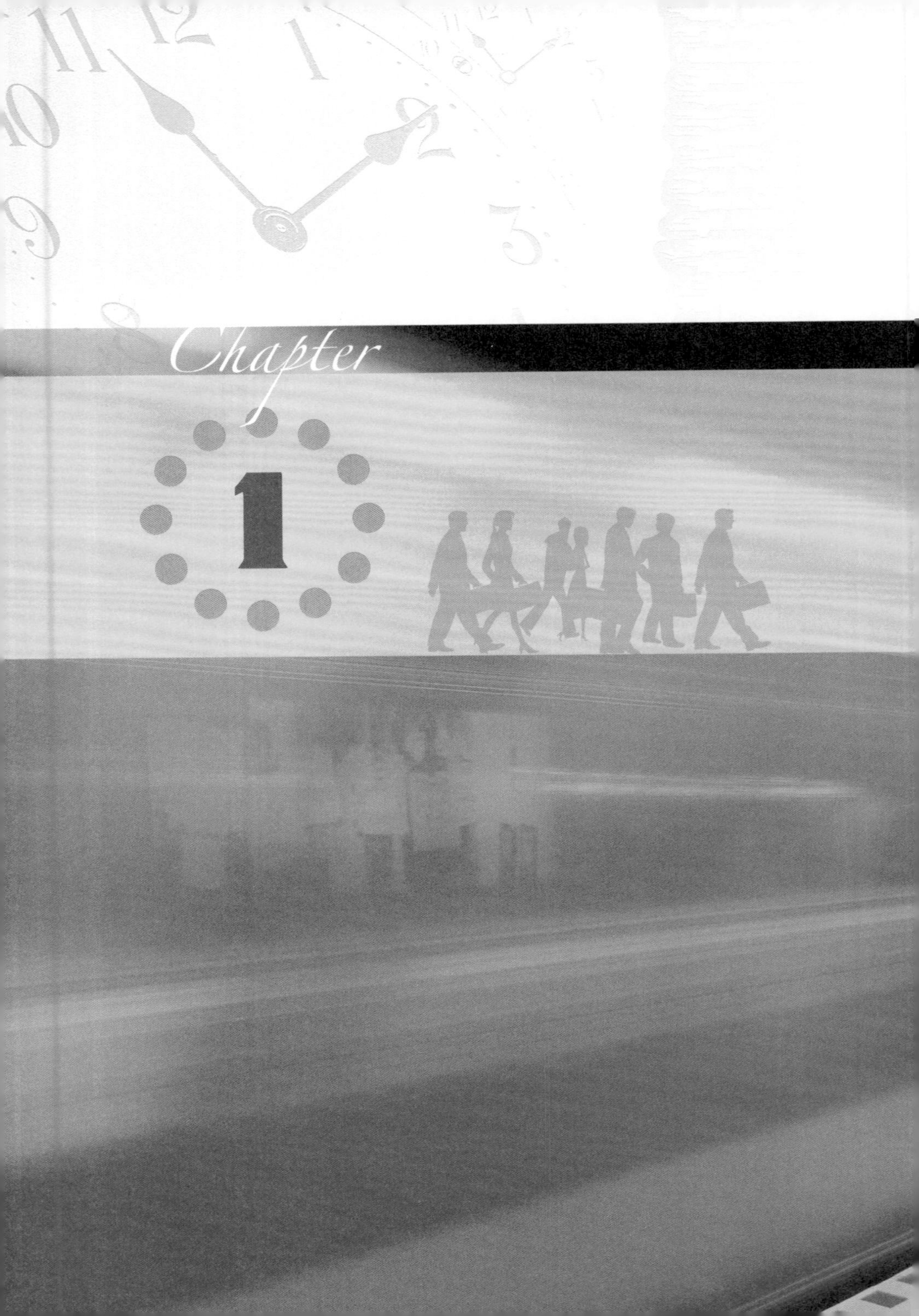
Chapter
1

釐清現象與問題

# 一 問題是態度？還是思路？

## 為何經理會是他？

### 【背景說明】

　　某食品公司陳董事長有兩位得力助理，Sam和Tom。由於最近物價一直「漲」聲響起，陳董想要瞭解近期原物料的成本及走勢，以利備妥進出貨「策略性問題」的考量。

### 【案發現場】

　　為了解決原物料價格上揚引發未來的營運問題，陳董叫其中一位助理Sam進辦公室。

　　陳董問Sam：「現在砂糖1斤多少錢？」

　　Sam說：「我馬上去調查看看價格是多少，待會兒再來報告。」

　　過了約十分鐘，Sam來向陳董事長報告：「陳董，目前砂糖1斤20元，如果一次採購量達500斤，單位成本可以降到1斤15元。」

　　陳董反而問Sam：「如果我們與上游廠商簽合約保證一年的採購量，那麼，最低可以議價1斤多少錢？」

　　Sam回答：「如果簽合約保證一年的量，還可以1斤再降3元，也就是說，1斤等於12元。」

　　於是，陳董針對砂糖物價波動的問題，明快地做出決策，指示Sam先嘗試大量採買500斤用看看。

　　過了兩個多月後，陳董評估這批砂糖的品質堪為穩定，想要考慮與廠商進一步的簽長期合約，很恰巧地，Sam剛好結婚請假，所以就找了職務代理人Tom進辦公室來問話。

　　陳董問Tom：「現在砂糖1斤多少錢？」

　　Tom說：「我去查一下。」

　　隔了十幾分鐘，Tom進陳董辦公室回報：「陳董，現在砂糖1斤22元。」

　　陳董進一步問：「如果大量採買的話，每1斤能折扣多少錢？」

　　Tom表示要再去調資料看看，過一會Tom回報：「如果一次大量採買500斤的話，一斤可以降到18元」。

　　陳董繼續問：「如果我們與廠商簽長期合約，保證一年的採購量，那麼，最低可以談到多少錢？」

　　Tom回答：「喔！我再去問一下，待會兒再來報告……」

### 【最後下場】

　　到了年終，陳董升了Sam當經理，Tom不服氣地跑去問陳董，為什麼經理會是他？

　　陳董反問他：「難道你不知道真正的問題出在哪？」

　　Tom憤憤不平地回答：「我今年真的很認真努力工作，而且每個月都拿到全勤獎金，不像Sam結了婚，還請長假去渡蜜月……，你們怎麼……？」

你是Sam，或是Tom

　　以上故事很顯然地，Sam是個事事站在公司的高度來系統思考解決問題，而Tom是一個口令一個動作的人，有交辦才做，無交辦不會多思考，也不會為公司多想一步的員工。回想一下在工作上，我們是像Sam，或者是Tom，還是有些時候像Sam，有些時候像Tom。如果一直是像Tom一樣，等到主管告訴我們問題出在哪，才知道去解決，從來不去思考如何做好準備，以及預防未來可能會發生的問題，那麼，公司在晉升人才時，為什麼會考慮到我們呢？

　　很多人以為有「做」工作就是稱職的員工，時間到了，也應該要升官加薪。殊不知「做」和「做到」，只不過是對得起這份薪資的基本良知而已，倘若不能把工作「做」和「做到」之餘，提升到「做到好」和「做到更好」的附加價值，那還能繼續奢望「沒有功勞也有苦勞」的理由來加薪升遷嗎？這年頭只有論及「苦勞」，大家會聽了更「疲勞」而已，唯有「積極主動解決問題」，把「戰功」成果拿出來，下一個升遷機會才有可能是屬於你的，無論到哪裡也都會被企業以禮相迎！

　　有很多人類似Tom，很容易看到別人的缺點，甚至誤認為問題，只會檢討別人，把問題歸罪到「你們」或「他們」，常聽到：「到底是誰造成的問題」、「那不是我的錯」、「他們為什麼都沒有事先告訴我」、「部門之間都沒有在溝通」，或是「公司什麼時候才會派人教我」等等這些類似負面抱怨的話語。在培

訓「問題分析與解決」的課程中，也有些學員曾經問過我類似的問題，而這些都是隱藏在解決問題裡面，是自身的「現象」？還是「爛問題」呢？這些問題不但自暴其短，缺乏自我擔當，並且直指許多問題的關鍵，不在「問題分析與解決」的本身，而是隱藏在解決問題裡面的「爛問題」。所謂「態度決定高度」、「思路決定出路」，如能像Sam以公司宏觀的視野，積極主動預謀解決問題的態度，理所當然地，升遷職位的高度正等著他來接手，也正因為他有這樣系統思考的大格局思路，而引導著未來正面向上的出路。聰明的你，想要繼續當Tom，還是改變自我成為Sam呢？

　　我無法改變任何人，唯一能夠改變的，就是你「自己」。我甚至不能，也不願意改變任何人，但是透過以上Sam和Tom的故事，讓大家理解隱藏在解決問題裡面的自身「爛問題」，如果身有同感，可以嘗試自我改變；如果你根本不想改變，那麼，我也不可能改變得了你，因為那是不可能的。

　　怎麼做才能成為Sam，成為解決問題的高手呢？是的，藉由「積極主動」提問更好的問題，當下做出更好的選擇，採取行動，把事情做好，並且完成。當被分派一項目標或任務時，是否應該試著尋求未來可能發生的潛在問題：為什麼陳董如此關注砂糖的價格波動？與公司營運有關？還是與部門改善有關？為了節省成本？還是改善品質？現況為何？砂糖的價格走勢？哪些廠商及報價？誰負責去執行？授權分配給部屬？還是自己來執行？跨

部門專案？一次採購合約多久？

何時檢核成效？哪個生產線先試用？有足夠倉儲備庫存？有什麼方法更快？如何控制砂糖成本？該怎麼做？優先順序為何？資源夠不夠？人力？物力？財力？技術？資訊？這些問題可以運用「5W2H」的架構來思考。

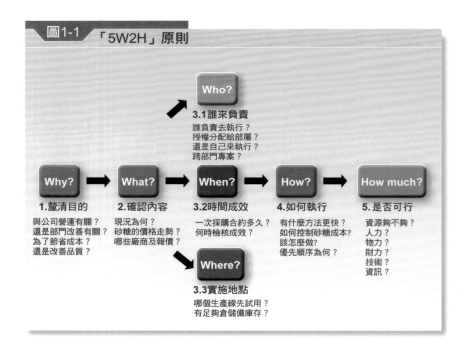

圖1-1 「5W2H」原則

**Who?**

**3.1誰來負責**
誰負責去執行？
授權分配給部屬？
還是自己來執行？
跨部門專案？

**Why?** → **What?** → **When?** → **How?** → **How much?**

**1.釐清目的**
與公司營運有關？
還是部門改善有關？
為了節省成本？
還是改善品質？

**2.確認內容**
現況為何？
砂糖的價格走勢？
哪些廠商及報價？

**3.2時間成效**
一次採購合約多久？
何時檢核成效？

**4.如何執行**
有什麼方法更快？
如何控制砂糖成本？
該怎麼做？
優先順序為何？

**5.是否可行**
資源夠不夠？
人力？
物力？
財力？
技術？
資訊？

**Where?**

**3.3實施地點**
哪個生產線先試用？
有足夠倉儲備庫存？

當問題即將顯現，處理的態度是一直像Tom一樣，等到主管告訴我們問題出在哪，一個口令才會一個動作，從來不去思考防範未然，以及預防未來可能會發生的潛在問題？不！所有問題的決策都需要聚焦，我們通常有無數個選擇要做。選擇什麼呢？不是倉促做出下一個行動，而是「下一個思路」。與自己對話問更好的問題，將會淬鍊出更好的思路，藉由「5W2H」修鍊自己的思路，看到原始問題的背後隱藏的意涵，再提出更好的問題，那麼，問題本身將引導我們獲得更圓滿的出路。問對問題，思路就出來了！有了好的思路就會決定好的出路，問題的答案往往就在思路中！

## 一千個理由不如一個行動

　　既然「思路」如此重要，那麼，如何引導我們發展出更好的「思路」？是的，態度決定一切！當遇上問題時，小媳婦「態度」的思路，往往出現如下方式：

⊙他們「為什麼」不能努力一點？

⊙他們「什麼時候」才要解決這個問題？

⊙他們「什麼時候」才會開始行動？

⊙這種事「為什麼」發生在我身上？

⊙「是誰」拖延了時間？

⊙到底是「誰」的錯？

- ⊙「你們」為什麼不再給我多一點人？
- ⊙「你」怎麼都不教我？
- ⊙「公司」的產品品質為什麼不能更好一些？

小媳婦的「態度」總是歸咎於別人，爛教練責怪球員差、爛老師責怪學員素質差、爛老闆責怪員工、爛工程師責怪公司、爛青少年責怪大環境不景氣……

有擔當的「態度」內在發問問題的方式，將引發出解決問題的思路，如下方式：

- ⊙「該如何」才能讓他們努力一點？
- ⊙「該如何」如期解決這個問題？
- ⊙「該如何」讓他們馬上行動？
- ⊙「該如何」解決這件事？
- ⊙「什麼」方式可以加速解決？
- ⊙「該如何」解決這件事，下次如何避免？
- ⊙「我」要如何在人少的狀況下，又可以順利完成任務？
- ⊙「我」要如何學到更多？
- ⊙「我」要如何在產品品質上做得更好一些？

也就是說，自我發問的方式不用要「為什麼」Why（抱怨）、「何時」When（推拖）或「誰」Who（指責）等方式，而是用「什麼」What跟「該如何」How兩個用詞來發問，例如：How can I help you？我該如何幫忙？或是What can I do？我能做

什麼？

　　再者，將「他」、「他們」、「你」或「你們」的推責發問，轉換成「我」字在內，對問題的解決負起全責。因為，我們實在是無法改變任何人，只能把自己的功效發揮到最大，損失降至最低，更何況抱怨他人只是仰天吐苦水，除了無濟於事外，更添增了負面能量戕害生靈。

　　總而言之，要當問題的解決者，應該把焦點放在行動上。不斷地反問自己：「我」＋「該如何」＋「動詞」（做、解決、完成、建立）……

　　⊙我該如何把今天的任務做得更好？

　　⊙我該如何解決現狀問題？

　　⊙我該如何完成老闆交辦的燙手山芋？

　　⊙我該如何建立好人際關係？

　　⊙我該如何充實自己，做最好的準備？

　　正面積極的自我提問，是培養解決問題負責擔當的必要條件，「負責擔當」會讓人變得越高越大，腦袋瓜越磨越亮，這樣，是否也領悟出，「態度決定高度！思路決定出路！」

## 成為解決問題的領導者

　　每個人都要為自己的思想、言語、行為及其產生的後果，承擔起全責。我們無法改變他人，更無從控制大環境，以及所導致

的結局。我們真正能掌控的，唯有自己的想法、說法和做法，因為行動力的做法會帶來學習與成長，在困惑中解決問題，在恐懼中帶來勇氣，在獲取成功經驗中建立信心，最後，在付出與奉獻中贏得信賴。在這瞬息變遷的時代，不行動無法維持現狀，甚至萎縮，只會帶來遲疑，助長衰退。

領導者不是問題的「解決者」，而是問題的「引導者」。最高明的領導者，是要懂得引發解決問題的方向，讓部屬覺得所有的解決問題都是我們自己完成的。領導在團隊中解決問題，並不需要指示太多的「做些什麼」、「如何做」、「跟誰做」、「何時做」、「哪裡去做」，以及「做到什麼程度」等等，留給部屬許多思考發展的空間，激盪出高度自主與發揮創意的機會。因為，每個人內心深處都有這樣的偉大力量，那就是「自主領導」。

你認為自己是領導者嗎？是的，沒錯！當你願意為自己的思想、言語、行為及其產生的後果承擔起全責時，你就已擁有個人領導了。而且，唯有在這種地步，你才能「主動出擊」解決自己想要解決的問題，做自己最想要做的事，成為自己最想要成為的樣子。

真正的問題解決高手，所引發的「態度」與「思路」，正在領導著未來的「高度」與「出路」。

# 二 解決問題？還是惡化問題？

## 努力加班的John，錯了嗎？

### 【背景說明】

John任職於電子材料公司工程師已將近一年，與主管Tony相處得尚稱愉快，John亦相當敬重這位主管，也想要好好跟他學習。

John與他的女友Mary交往多年，兩者都在適婚年齡，正在論及婚嫁中；John在工作上，十分地努力並且力爭上游，一直都期望著能夠在最短的時間內，晉升為單位主管，以展現自己的才能與成就。

最近部門內從別的單位調來了一位同仁——Sam，做事沉穩幹練，表現得相當優秀，由於Sam的加入帶給John不小的壓力。再加上，最近因正與雙方家庭討論結婚的事情，身感有些壓力與煩躁，所以，John總認為Tony一定會為自己無法全力以赴而感到心裡不高興，在多重的壓力之下，工作表現也因此有些失常。

### 【案發現場】

在一次解決問題的專案會議中，Tony對於John所負責的工作進度嚴重落後，而導致其他部門抱怨引發的種種問題，感到非常的不滿；以下為雙方的對話：

John很委屈的說：「我也知道解決這些問題很重要，可是我每天有很多事情要做，而且還要應付其他部門的需求，我真的已經盡全力了⋯⋯」

Tony：「難道你就不能和其他相關部門好好的溝通嗎？」

John：「大家都認為他們的事情是最重要的，我想溝通是沒有用的，只能答應他們盡力去做！」

Tony：「這樣好了，我請Michael幫你解決這些問題，雖然他才剛進公司兩個月，你好好的教他，他應該可以幫得上忙的。」

John：「還是不要好了，Michael對這些問題不熟悉，而且上次Michael還因為搞不清楚公司的產品規格，與客戶及業務部門產生了衝突，害我又花了好多時間來解決他衍生的問題，我實在沒有時間再去管其他人了⋯⋯」

Tony：「那你打算如何做？才能趕得上進度呢？」

John：「這兩週內我會加班趕工，儘量解決這些問題！」

## 【最後下場】

過了一個多月，由於這些問題未能顯著改善，於是，Tony把John此專案一部分的工作交給了Sam，最近還聽說Sam可能會升遷，John為此十分的沮喪與徬徨，因此，一個人徘徊在捷運街頭，萌生了離職念頭，反問著自己：「我這麼辛苦解決專案的問題，為什麼Tony不懂我的心？到底錯在哪裡？」

努力加班、力爭上游、勇於承擔的John，難道錯了嗎？是的，John真的錯了！

★錯誤1：John因為Sam的加入，帶來不小的壓力？

在同儕之間，Sam的做事沉穩幹練，帶來團隊的正面積極向上，是一種加值加分的效果，John如能與Sam一同學習成長，解決問題的能力一加一必定大於二。

★錯誤2：John因為與Mary雙方家庭討論結婚的事情，身感有些壓力與煩躁？

面對變動的外部環境，大多只能沉著應變，屬於「不可控」的居多，唯一「可控的」是自己的內心世界，倘若無法抗壓與減少內心的煩躁，又如何解決複雜的問題？

★錯誤3：John總認為Tony一定會為自己無法全力以赴而感到心裡不高興？

正面積極的「吸引法則」是培養解決問題能力的基本要件，正面思考與主管的人際關係，將會帶來正面的效果；反之，造成負面的效果。John如能更加努力，交出成果來，讓Tony心裡高興，不是更好嗎？

★錯誤4：John認為和其他相關部門溝通是沒用的？

解決問題沒有雙向的溝通，哪來的認同與共識，以及後續的執行力。並不是溝通沒有用，只是沒有找到對的方法而已。

★錯誤5：John不想請Michael幫忙解決問題？

　　企業的資源是有限的，尤其是人力資源更為珍貴，對於解決問題占有舉足輕重的角色，Tony願意釋出Michael來協助，更應該運用Michael的優勢來解決問題，而不是一直放大Michael的缺點與過失。

★錯誤6：John加班趕工，儘量解決這些問題？

　　解決問題的過程並不是處於「瞎忙」或是「假裝忙」，是要重視效果與效率的，加班趕工是最下下策。

★錯誤7：John聽說Sam可能會升遷，而感到十分的沮喪與彷徨？

　　Sam的升遷只是聽說而已，又不是真的事實，何必沮喪與彷徨？如果Sam的升遷為既定的事實，那麼，更應該祝福他，檢討自己應該如何改進，沮喪與彷徨是無濟於事的。

## 還要繼續「瞎忙」嗎？

　　在職場上解決問題，不是只有「做」而已，更應該追求「做到」，而且「做到更好」。也就是說，掌握解決問題的關鍵績效是不斷地追求卓越與創造價值，應該聚焦在「效能」、「效率」與「熱情」三大構面的交集。

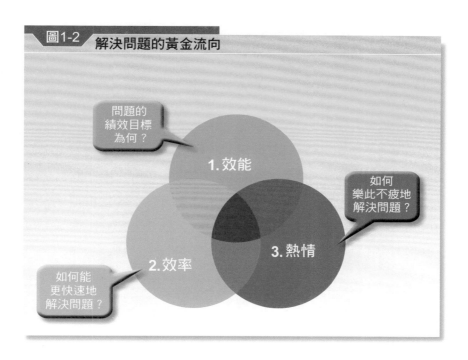

圖1-2 解決問題的黃金流向

問題的
績效目標
為何？

1.效能

如何
樂此不疲地
解決問題？

3.熱情

2.效率

如何能
更快速地
解決問題？

　　「為何經理會是他？」個案中的Tom，是一個口令一個動作的人，有交辦才做，無交辦不會多思考，也不會為公司多想一步，是缺乏「熱情」的員工。另一個「努力加班的John，錯了嗎？」個案中，縱然John十分地努力並且力爭上游，以及加班趕工的「熱情」，但在缺乏正確的方法與步驟，僅止於「瞎忙」而已，終究，無法達成解決問題的目標。

因此先來說明什麼是「效能」？

$$效能＝產出／目標$$

如果解決問題的目標為1億，產出也是1億的話，那效能為100%；如果解決問題的目標為1億，產出只有7,000萬而已，那效能為70%，你是否已察覺到效能的多少也就是解決問題的目標達成率有多少。那麼，一般企業常用的績效評估，認定目標達成率100%，績效為100分；目標達成率70%，績效為70分，你是否也已經歸納出——其實，效能的多少就等於目標達成率的多少，也等於績效的多少。

為了要達到解決問題的效能，茲整理出八種做法可以遵循：

1. 自我提問：「對公司而言，解決這個問題是否重要與急迫？」

2. 自我提問：「解決這個問題需要完成的工作項目有哪些？」

3. 自我提問：「解決這個問題會遇上哪些困難與障礙？」

4. 自我提問：「將如何克服這些困難與障礙？」

5. 對於解決問題的專案，負起決策的責任。

6. 對於解決問題的專案，負起溝通的責任。

7. 對於解決問題的專案，召開共同參與的會議。

8. 與專案成員的互動中，都是「我們」，而不是「我」。

接下來說明「效率」的運用，那什麼是效率？

$$效率＝產出／投入$$

　　如果期末的產出是5個單位，投入也是5個單位，效率為1；如果期末的產出也是5個單位，但投入只要2.5個單位就可以了，那麼，效率則提升為2。也就是產出不變的話，投入的資源愈少，則效率愈高。

　　那麼，一般企業投入資源為何？主要分為人力資源、物力資源、財力資源、技術資源、資訊資源以及時間資源等。對John而言，解決這專案的問題，最重要的是人力資源、資訊資源以及時間資源，很可惜的，沒有善加運用這些資源。

# 三 依據事實？還是推測？

## 自我推測的Jeff

### 【背景說明】

Jeff去年剛畢業於企管研究所後，隨即任職於餐飲集團總管理處專員，因這一年多的工作表現相當良好，在集團業務不斷地發展擴充下，調升為旗下子公司董事長室代理經理，在上任的第一天，發現辦公桌上有一份公文需要他來處理。

### 【案發現場】

這份公文主要內容，說明如下：

昨天七點過後，陳董事長在閱覽室看完雜誌，回辦公室途中偶然發現四個員工在休息室打撲克牌。其中有一人名叫王中觀，是財會部門綽號「張飛」經理張大為的部屬。雖然員工手冊中無明文規定禁止公司內打撲克牌的行為，但是總經理對於類似問題，經常在口頭上提醒公司同仁注意。

因此，建議王中觀記大過乙次，其餘三名打撲克牌的員工，待查明清楚是哪些人後，也應各記大過乙次。

於是，Jeff看完了公文後，相當不滿上班打撲克牌的行為，很認同公文的建議內容，快速地批閱「如擬呈核！」，並且把公文呈上給陳董。

當陳董看到公文，馬上叫Jeff進辦公室問話，以下為雙方的對話：

陳董：「你認為他們都應該記大過嗎？」

Jeff：「是的，上班時間打撲克牌的行為，應該給予懲戒。」

陳董：「四個人都要記大過嗎？」

Jeff：「處理做錯事的員工，當然要一視同仁，秉持公平原則各記大過乙次。」

陳董：「但是員工手冊中並沒有明文規定禁止公司內打撲克牌的行為？」

Jeff：「可是陳董對於打撲克牌的行為，經常在口頭上提醒公司同仁注意。他們還把這件事當成耳邊風，如不記大過懲戒，將會影響陳董的威信。」

陳董：「王中觀是張經理的部屬，是否要聽聽他的意見？」

Jeff：「雖然張經理的脾氣急躁，但他應該會以整體公司來考量。」

陳董：「我們集團的文化一向對於女性犯錯，會傾向於從輕發落……」

Jeff：「四名男的員工打撲克牌，懲戒的標準應該不需要有所差別吧！」

## 【最後下場】

過了一個禮拜，僅有王中觀一人被口頭警告，Jeff接到人事命令被調回原來總管理處專員，Jeff為此相當納悶與不解，萌生了離職念頭，反問著自己：「我一切為公司著想秉公處理，反而公司是非不分、姑息養奸，難道還要繼續為公司效力嗎？」

　　到底是公司是非不分、姑息養奸？還是Jeff對公文的問題解決，一直處於狀況外？姑且不論公司的處理結果是否公正，但很明顯地，Jeff不自覺的深陷於「自我推測」的泥沼中。

★推測1：Jeff認為上班時間打撲克牌的行為，應該給予懲戒。

　　公文上的敘述是「昨天七點過後」發生四個員工在休息室打撲克牌，並沒有充分訊息顯示，打撲克牌的行為是在上班時間發生的。

★推測2：Jeff認為四個員工要一視同仁，秉持公平原則各記大過乙次。

　　四個員工打撲克牌的行為是否都是上班時間？還是有些人是非上班時間？誰是唆使打牌的主謀？還是有人是被迫打牌？這四個員工打撲克牌的動機分別為何？如果是用結果論來處理，只是僅止於表象而已，更何況整個事件的事實真相尚未搞清楚，就亂扣「秉持公平」的帽子當尚方寶劍，未免也太過於魯莽行事。

★推測3：Jeff認為陳董對於打撲克牌的行為，經常在口頭上提醒公司同仁注意。

　　公文上顯示，總經理對於打撲克牌的行為，經常在口頭上提醒公司同仁注意。並沒有充分的訊息說明，陳董也經常在口頭上提醒公司同仁注意打撲克牌的行為。

★推測4：Jeff認為綽號「張飛」經理張大為的脾氣急躁。

Jeff才上任第一天就認定經理張大為的脾氣急躁，沒有相處過，就先入為主認為如此。更何況綽號「張飛」不一定脾氣急躁，也有可能是外貌長相，或其他原因類似「張飛」，以致於他的綽號才叫「張飛」。

★推測5：Jeff認為四名男的員工打撲克牌。

公文上顯示，陳董事長在閱覽室看完雜誌，回辦公室途中偶然發現「四個員工」在休息室打撲克牌。並無充分的訊息敘述打撲克牌的員工當中，四個全都是男的。

針對以上五項推測，Jeff對於眼前的事實未能充分地瞭解，甚至預設立場貼上許多標籤，把那些「認為的事實」、「假設的事實」、「可能的事實」、「報告上的事實」、「傳聞的事實」等，誤認為「真正的事實」。如果你是瞭解整個真正事實的陳董，面對Jeff接受訊息層出不窮的誤判，還敢奢望他來解決問題嗎？Jeff的存在可以分憂解勞，還是製造更沉重的負擔？可是，Jeff一直落入推測的陷阱而不自知……

「事實」、「事實」、還是「事實」，每個決策者在解決問題時，都應該設法重視事實、取得事實、運用事實，而非過分強調自己先入為主的假設或推測，「凡是以事實為依據」的決策品質，有幾分事實，就說幾分話，對於提升員工士氣、凝聚團隊向心力，將有很大的助益。

圖1-3　由團隊成員共同來找出哪些是事實，哪些是推測，才不至於落入個人先入為主的迷思

　　以上自我推測的Jeff，在公文上所呈現的訊息辨識度相當低，因為，在解決問題的傳遞與接受訊息，並非只是單純的「文字」或「語言」傳遞而已，而是明確地掌握訊息的可信度。美國經濟學家艾伯特·麥拉賓（**Albert Mehrabian**）的研究分析，人類所有的溝通過程中，傳遞訊息的方式將會影響辨識程度（**表 1-1**）。

## 表1-1 傳達訊息的辨識程度

| 傳遞訊息 | 表達方式 | 觀察重點 | 辨識程度 |
|---|---|---|---|
| 1. 語言 | 文字與片語 | 書面公文、電子文件等 | 7% |
| 2. 聲調 | 聽到的聲音與特性 | 聲音的節奏、語調的變化、停頓的長短等 | 38% |
| 3. 視覺 | 看到的表情、態度與肢體 | 臉部的表情、手腳的動作、呼吸的急緩、動作的停頓等 | 55% |

　　從**表1-1**可得知，掌握訊息的辨識程度並非取決於「語言或文字的內容」，而是對方接收到的「處理認知」是什麼以及會引起怎樣的「反應」。在進行雙向溝通時，除了要運用抑揚頓挫的語氣、適當的詞句以及肢體表情外，還要思考對方將會如何解讀與辨識。

　　因此，Jeff在公文上的文字內容的辨識程度，僅有7%而已，如此倉卒地簽核公文，這樣做決策，風險是很高的。Jeff倘若能通個電話說明，或者當面講清楚、說明白，甚至到休息室（案發現場）全盤瞭解整個「人事時地物」，那麼，辨識程度相對地會提高很多。

　　也就是說，當我們在解決問題之前，應該釐清整個事件的現象，以及提升辨識訊息的可信度，做法如下：

1.詳細瞭解公文或E-mail內容。

2.打電話給相關利害人，進行雙向電話溝通，讓訊息更能充

分理解。

3. 到現場、看現物，全盤瞭解整個「人事時地物」，充分掌
握更多真正的事實。

另一方面，關於解決問題的溝通過程，是一種彼此傳達訊
息、想法或意見的互動連結（**圖1-5**）。主要的目的在於傳遞正
確的訊息、讓對方充分的理解、獲取更多的支持、有效解決問題
或達成共識以貫徹執行。如果只是單向表達，沒有互動過程。所
以，當我們在輸出訊息給對方時，應該理解對方輸入訊息的處理
認知是否正確，必要時適當的提問與澄清，以確認彼此的認知是
否有差距。可是我們發現，Jeff與陳董之間的對話雞同鴨講，毫
無交集可言。如果你是陳董，還會繼續任用「溝」而沒有「通」
的Jeff？

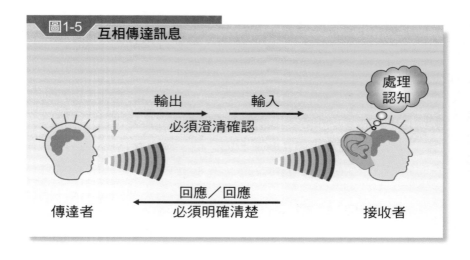

圖1-5　互相傳達訊息

四 到底什麼是問題？

問題有哪些類型？

　　解決問題的首要步驟，應該是先自我提問「到底問題出在哪裡？」「什麼才是問題？」由感受到問題的存在開始，再進一步探討問題的類型，這種不斷自己問自己的「質問能力」，也是不可或缺的自我訓練。當以下兩個狀況，其中之一發生時，企業的問題就顯現了。

★狀況1：現況（實際狀態）與標準作業程序（SOP）之間有「落差」。

　　例如：一件包裝的標準作業流程需要三小時完成，有一次，某員工卻花了近五小時才包裝完成，這種進度的「落差」，是一種問題。

★狀況2：現況（實際狀態）與目標值（或關鍵績效指標KPI）之間有「落差」。

　　例如：預計今年第一季營收1億，但到季末結算，實際營收只有7,000萬而已。這種營收目標的「落差」，也是一種問題。

在筆者授課的企業當中，面臨解決的問題大多以第二種狀況居多。

有一家上市化學公司總部，上班時間為早上8點到下午5點，經長久的觀察後發現，在8點整之前來上班的員工人數不到一半，到了8點20分左右人數才來三分之二，最後到8點25分以後，有很多員工依序地擠在守衛室忙著打卡，直到8點30分全體員工才將近到齊。這樣的公司是否出現「問題」了？不，太早下定論往往會陷入先入為主的偏見，經過多方的瞭解後，才得知這一家公司總裁為了體恤職業婦女，有充分時間先安頓好小孩去上學，再來公司安心上班，避免倉卒騎車趕著上班，而造成車禍事故的職災，所以，總部不明文的規定公司早上8點上班，8點30分以後打卡才算遲到，晚點上班就彈性晚點下班。試想，這樣上班的員工不就更加地積極投入工作，因為「安頓好小孩再來安頓公司」的措施，會讓職業婦女更覺得窩心，而且會更有向心力。

這樣，還會認為是個「問題」嗎？是的，它不是個問題，對總裁而言，現在的實際狀態與預期的目標之間，根本就沒有「落差」，它只不過是個現象而已。那還需要針對上班晚到的「現

象」來找原因以及對策嗎？喔～別再浪費時間了，把精力專注在
績效目標與改善目標吧！也檢視一下自己，是否曾經把「現象」
誤認為「問題」？

那麼，企業所發生的問題，有哪幾種類型？一般企業可能會
發生的問題，其類型分為三種：

### ①發生型（救火型）的問題

探究過去原因即可馬上解決，例如表單填寫錯誤立即更改填
妥、簡報字體太小即時編排調整等，在幾分鐘或一兩天內就可以
看到解決成效。此類問題是最容易解決的，本書不再贅述。

### ②探索型（檢討型）的問題

探究過去所發生的原因，必須花費一段時間才能找出原因與
改善對策，並且有效地解決，例如不良率的升高、客訴事件的增
加等類型的問題，很可能需要在半個月甚至到半年，才可看到解
決成效。

企業主管人員（組長級至經理級）或儲備幹部，大多解決
此類型的問題，他們通常依照著五大步驟（5D）或八大步驟
（8D）等程序來解決問題，如下：

| 5 Discipline（簡稱 5D） | 8 Discipline（簡稱 8D） |
|---|---|
| D1 第一步驟：釐清現象<br>Phenomenon<br>Characterization | D0 行前準備：是否適用以 8D 程序來解決問題<br>Prepare for the 8D Process |
| D2 第二步驟：確認問題<br>Problem Identification | D1 第一步驟：定義問題<br>Define the Problem<br>D2 第二步驟：成立解決問題小組與設定目標<br>EsTablish A Problem Solving Team and Set Up<br>　　a Target<br>D3 第三步驟：擬定暫時性對策<br>Work Out a Tentative Countermeasure |
| D3 第三步驟：找出原因<br>Finding Out the Cause | D4 第四步驟：找出問題真正原因<br>Find Out the Real Cause of the Problem |
| D4 第四步驟：制定對策<br>Working Out<br>Countermeasures | D5 第五步驟：發展可行性對策<br>Develop Feasible Countermeasure<br>D6 第六步驟：選定永久性對策<br>Select the Permanent Countermeasure |
| D5 第五步驟：行動追蹤<br>Action Tracking | D7 第七步驟：執行及驗證永久對策<br>Carry Out and Verify the Permanent<br>Countermeasure<br>D8 第八步驟：防止再發及標準化<br>Prevent Recurrence and Get Standardization |

無論是5D或8D的管理程序來解決問題，都是一種運用團隊、有步驟性地解決問題的工具，面對問題要求分析真正原因，並提出永久解決及改善的方法，作業完成時輸出報告。只是差別在於，5D經常運用在解決一般管理上的問題，8D經常運用在品保單位回覆客訴的依據。本書所探討的大部分以這種探索型（檢討型）的問題居多，也就是說，本書內容均可適用於五大步驟（5D）或八大步驟（8D）的程序來解決問題。

### ③創造型（未來型）的問題

　　此類型是目前尚未發現明顯的問題，但未來很可能成為問題，例如技術無法傳承、新產品的開發或組織變革速度太慢等，為未來半年至三、五年期間可能會發生的問題，尋求防微杜漸的解決之道。

　　企業的高階主管人員（協理級以上）普遍重視此類型的問題，他們必須找出防範未然與解除未來隱憂的潛在問題點，制定預防措施，以及展開可行性方案。本書對於此類型的問題，則較少著墨。

# 這樣的問題敘述，有聽沒有懂？

## 【案發現場】

紅海公司王經理的業務團隊，在上一季的業績競賽獲得最後一名，不曉得是不是業務員能力不夠、拜訪客戶不夠積極、缺乏團隊合作、不服從王經理的指導、彼此之間互有心結，還是他們根本就不想參加這項業務競賽，早就知道這是無法達成的目標，表現得很讓人失望，他們應該好好的訓練業務員才是。

以上紅海公司的業務團隊，問題到底出在哪裡？如何呈現問題的敘述？

★錯誤1：不曉得是不是業務員能力不夠、拜訪客戶不夠積極、缺乏團隊合作、不服從王經理的指導？

這些用「質問力」的表達方式，並不是客觀的敘述事實，大部分是一種自我揣測，或者引導自身利益的答案。

★錯誤2：彼此之間互有心結？

這是抽象模糊的敘述，如果在會議上遇到這樣的說明，應該進一步地追問：「您觀察到哪些具體的行為事件，讓您這麼認為他們彼此之間互有心結？」因為，基本上解決問題要掌握的是——具體發生的事實。

★錯誤3：他們根本就不想參加這項業務競賽？

　　這很可能是擅自揣測的敘述，同樣地，如果在會議上遇到這樣的說明，也應該進一步地追問：「您觀察到哪些具體的行為事件，讓您這麼認為他們根本就不想參加這項業務競賽？」

★錯誤4：早就知道這是無法達成的目標？

　　這擅自揣測的敘述，而且是負面的用語，在問題解決上，儘量避免消極負面的說明。

★錯誤5：他們應該好好的訓練業務員才是？

　　尚未找出真正的原因，就出現解決對策，大多是一種「暗示性」的解決對策。


　　總而言之，抽象模糊、擅自揣測、用語負面、暗示性等敘述的表達方式，都不是在正確地描述問題。

## 該如何正確的敘述問題？

　　在職場上經常會出現以上類似錯誤的描述，那麼，該如何掌握正確的問題敘述？正確的問題定義與描述，是中立客觀、數據佐證等原則，不偏左，也不偏右，企業常用的「4W2H」問題描述，其結構如下：

> 預期期間（When）目標項目（What）量化程度（How much），但實際期間（When）目標項目（What）量化程度（How much）。

例如：

1. 預期4/1～6/30營業額1億，但實際4/1～6/30營業額7,000萬。
2. 預期7/1～9/30交貨達成率92%，但實際7/1～9/30交貨達成率83%。

另外，筆者在企業授課「問題解決」的目標項目（What），經常發現除了改善營收下滑外，尚可歸類為Q、C、D、S等四大類別。

**表1-2 常用問題改善項目**

| 類別 | 相關改善目標項目 |
|---|---|
| Q 品質（Quality） | 不良率上升、客訴增加、顧客滿意度降低 |
| C 成本（Cost） | 加班時數過長、人員流動率上升、庫存過高 |
| D 交期（Due） | 交貨延遲、回應太慢、等待過久、工程時數過長、研發時程過長 |
| S 安全（Safety） | 工安事件頻傳、環境衛生不佳 |

當你明確描述問題的定義，應進一步地掌握問題發生的「人事時地物」，訣竅就在於刻意地提問「5W2H」，以「交貨達成率偏低」的問題為例：

1. 自我提問：「哪些商品交貨延遲？」（What）
2. 自我提問：「交貨延遲會在哪幾個時段發生？」（When）
3. 自我提問：「哪幾個部門或工作站，造成作業延遲？」（Where）
4. 自我提問：「是如何發生的？」（How）
5. 自我提問：「交貨延遲到什麼程度？」（How Much）
6. 自我提問：「是誰承辦或負責的？」（Who）
7. 自我提問：「為什麼會發生交貨延遲？」（Why）

如能以自我提問「5W2H」來擴展發現問題的思維模式，便可以引導出整個問題所發生的全貌。你是否有發現，錯誤的描述問題，將會錯誤地引導解決問題的方向；正確的將問題定義與描述，就等於解決問題的一半，有些時候精確的陳述問題比解決問題還來得重要。

當明確地定義出問題，接下來要進行的是，找出相關權責人員來組成團隊，成立一個專案小組進行解決問題和執行改善計畫，小組成員應具有產品或流程知識、權力和需要的技能。

並且寫下「專案立案書」，如此，將是正式解決問題的第一步驟了，如下：

| 表1-3 | 專案立案書 |
| --- | --- |

**專案的目的（Why）：**

**問題定義（What）：**

**改善目標（How Many）：**

**專案期間（When）：**

**專案範圍（Where）：**

**專案負責人（Who）：**

**專案成員（Who）：**

另外，在問題解決的課程中，學員經常會提問：「如何展現問題解決的專業？企劃報告該如何表達？」想要展現專業能力來做企劃報告，主要在於用真實的數據來分析統計，以「圖表」的方式來表達，使對方能夠面對複雜問題的情境下，快速地一目了然。因此，你可以依據不同的問題型態，使用如下的管理工具，來輔助問題的描述更為清晰與完整，例如：

**表1-4　查檢表（消去法）**

| 製作漢堡檢核表 | | |
|---|---|---|
| 次序 | 項目 | 查檢狀態 |
| 1 | 戴手套 | 符合 SOP |
| 2 | 烤漢堡 | 符合 SOP |
| 3 | 塗沙拉醬 | 可能退冰閒置太久 |
| 4 | 放番茄 | 符合 SOP |
| 5 | 放生菜 | 符合 SOP |
| 6 | 煎肉放肉 | 可能油太少產生焦味 |
| 7 | 煎蛋放蛋 | 符合 SOP |
| 8 | 裝袋 | 符合 SOP |

圖1-6　棒狀圖（直條圖）

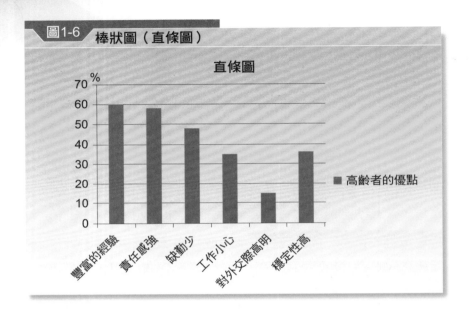

圖1-7　柏拉圖

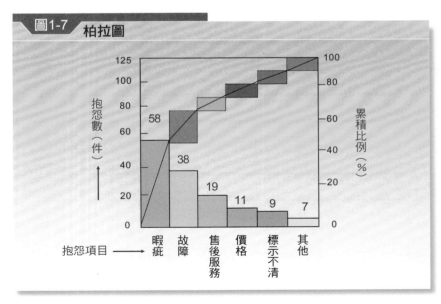

## 圖1-8 圓形圖

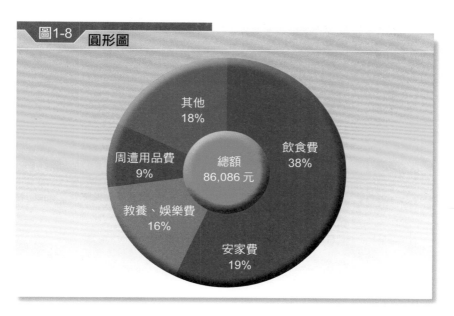

其他
18%

周遭用品費
9%

教養、娛樂費
16%

飲食費
38%

安家費
19%

總額
86,086 元

## 圖1-9 推移圖

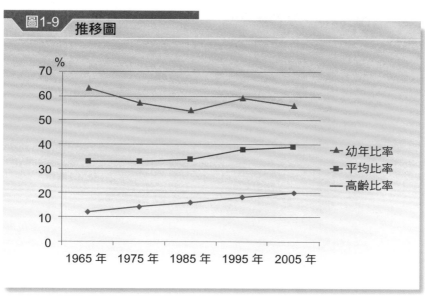

幼年比率
平均比率
高齡比率

## 圖1-10 雷達圖

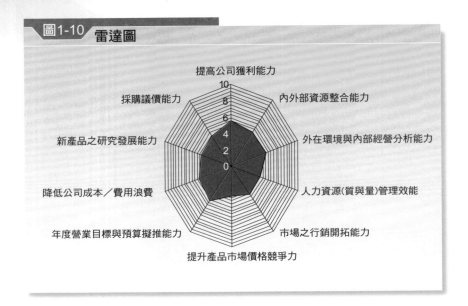

提高公司獲利能力
內外部資源整合能力
採購議價能力
新產品之研究發展能力
外在環境與內部經營分析能力
降低公司成本／費用浪費
人力資源(質與量)管理效能
年度營業目標與預算擬推能力
市場之行銷開拓能力
提升產品市場價格競爭力

## 圖1-11 帶狀圖

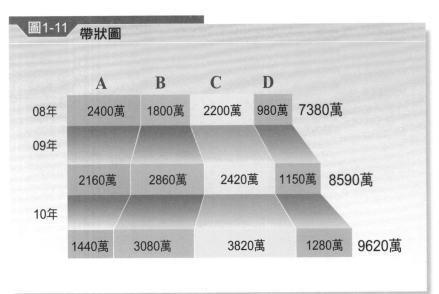

|  | A | B | C | D |  |
|---|---|---|---|---|---|
| 08年 | 2400萬 | 1800萬 | 2200萬 | 980萬 | 7380萬 |
| 09年 | 2160萬 | 2860萬 | 2420萬 | 1150萬 | 8590萬 |
| 10年 | 1440萬 | 3080萬 | 3820萬 | 1280萬 | 9620萬 |

# 策略性的思考與執行

一、在內文中「努力加班的John，錯了嗎？」的個案敘述，如果你是 John的主管，該如何協助（輔導）他？

二、試舉例目前發生的探索型問題，運用「4W2H」描述之。

三、將以上的探索型問題列入專案改善，試寫一份「專案立案書」。

# Chapter

# 2

找出真正的原因

一 原因在外部威脅？還是內部劣勢？

## PEST分析

　　企業為了掌握外部環境的真實全貌，通常運用的分析工具是PEST，包括P為政治（Political）、E為經濟（Economic）、S為社會（Social）、T為技術（Technological）。

　　政治環境，包括國家的政治制度、權力機構、頒布的政策方向、政黨團體和執政黨的形勢等因素。法律環境，包括國家制定的憲法、法律、法規、法令以及國家的執法機構等因素。政治和法律環境是保障企業經營活動的基本條件。

　　經濟環境是指構成企業生存和發展的社會經濟狀況及國家的經濟政策，包括經濟結構、經濟體制、發展狀況、宏觀的經濟政策等要素。通常衡量經濟環境的指標有GDP國內生產總值、GNP國民生產總值、失業率、物價水準、消費支出分配規模、國際收支狀況，以及利率、通貨膨脹、貨幣供給、政府支出、匯率等國家貨幣和財經政策等。經濟環境對企業經營有更為直接具體的影響。

　　社會文化環境是指企業所處區域範圍，包括的社會結構、社會風俗和習慣、宗教信仰和價值想法、行為規範、生活方式、文化傳統、人口結構與地理分布等因素。自然環境是指企業所處的自然資源與生態環境，包括海洋、生物、礦產、能源、水源、土

地、森林、河流、環保意識、生態平衡等因素。這些因素關係到企業投資方向、商品的革新與改進等重大經營發展。

技術環境是指企業所處的環境中直接相關的科技要素，包括國家科技體制、科技政策、科技水準和科技發展趨勢等。技術環境影響到企業能否及時獲得新的科技技術，以利發展策略的優勢競爭。

藉由外部環境PEST的分析，可歸類出對於企業有利多的機會，以及有利空的威脅。進而從威脅中找出企業面臨問題的主要原因，這些原因有時候惡化到很難控制，想要找出良方對治它都會感受到回天乏術。例如：美國影片出租龍頭百視達面臨業績持續下滑的問題，主要原因是網路科技的替代；台灣亞力山大健身俱樂部倒閉的問題，主要原因是區域運動中心與新社區大樓健身設施，吸收或替代了它的會員服務。

但並非外部威脅所造成的問題都是無解的，例如富士康為了

| 表2-1 | 外部環境分析重點 |
| --- | --- |
| **PEST** | **分析重點** |
| P：政治（Political） | 政局風險、稅務政策、法律規章等。 |
| E：經濟（Economic） | GDP 國內生產總值、GNP 國民生產總值、經濟成長率、失業率、利率、匯率等。 |
| S：社會（Social） | 人口結構、薪資水準、教育程度、民俗風情、時尚輿論、家庭收入等。 |
| T：技術（Technological） | 產品技術、製程或流程技術、管理技術、替代品技術等。 |

表2-2　**無法解決的外部威脅**

| 因素 | 威脅利空 |
|------|---------|
| 經濟、社會、技術 | 美國影片出租龍頭百視達自 2008 年初至 2010 年 8 月已累積 11 億美元債務（約 352 億元新台幣），該公司希望藉由破產保護法的保護，重整其中近 10 億美元的債務，並得以提早解除租約並關閉約 500 家營運不佳的門市。百視達在全美擁有 3,425 家門市，卻輸給了新科技與新的商業模式。除了網路下載的替代以外，百視達的競爭對手還有網路租片龍頭 Netflix 的選擇多元，又省去還片的麻煩，把 DVD 放進郵筒就能還；以及販賣機租片龍頭 Redbox 在超市、藥房都有 Redbox 的販賣機，熱門新片租一晚只要 1 美金（約 32 元台幣）。<br>頂著藍底黃字招牌，美國連鎖 DVD 出租業者百視達，不敵網路盜版猖獗，觀看電影和影視節目習慣的改變，營收一路下滑，不堪長期的虧損，光是 2009 年百視達全球就關閉近 1,000 家門市，預計再關閉美國 500 ～ 800 家績效不佳的門市，象徵紅極一時的 DVD 出租業，將走入歷史。 |
| 經濟、社會 | 台灣最大的健身俱樂部亞力山大 2007 年 12 月 10 日突然宣布倒閉，將近有二十五年的企業走入了歷史，結束營業主要問題原因是，全台北市近幾年來陸續完工的區域運動中心，這些運用政府預算所建立的新大樓，不但設施新穎，價格又低廉，計次收費，而且又離家近，健身房、游泳池與韻律教室設施完全不亞於民間業者，使得亞力山大培養出來的運動人口，有很大的部分移轉到政府的運動中心；再者，台北市與新北市的新建設的社區大樓，大多標榜著享用飯店式管理與五星級健身設施，也蠶食了不少亞力山大會員。最後，使得亞力山大一年營業額由 2.5 億，降低到 8 千萬，巨幅 68% 的營收下降，導致資金周轉不靈，面臨倒閉的命運。 |

| 表2-3 | 尚可解決的外部威脅 |
|---|---|
| 因素 | 威脅利空轉為機會利多（化危機為轉機） |
| 政治、經濟、社會 | 2010 年 6 月，富士康連續發生員工跳樓事件以及加薪潮造成不少的衝擊，在廣東深圳有 45 萬名的員工，如果按照調漲工資由原本的 900 元人民幣調升至 2,000 元人民幣，再加上其他調漲的社會保險和加班費來計算的話，一年就要多花上將近四十億的人民幣（大約是新台幣 200 億）。這麼一來，人事成本的負擔就更加嚴峻了，儘管是世界大廠的富士康也受不了，外部環境的稅務政策、法律規章、勞動人口結構以及薪資水準等，對富士康造成不少的威脅。所以，富士康為了要解決此問題，於是把生產線從沿海遷往內地（四川、河南、湖北等地）。 |

要解決沿海員工工資上漲，造成成本增加的問題，把生產線遷往內地，化解了外部威脅所帶來的衝擊與問題。

## 五力分析

一個企業的競爭環境，可由現有競爭者、潛在進入者、替代品、客戶、供應商這五種競爭作用力共同決定。「五力分析」的架構，塑造出一個標準化的策略分析框架，提供企業分析所處環境，進一步選擇正確的策略。在《競爭策略》一書中，麥可・波特（Michael Porter）整合了產業結構分析、競爭者分析和產業演化分析這三個關鍵領域，構成了一個完整的產業競爭分析模型——即著名的「五力分析」（圖2-1），也自此奠定了波特的學術地位，也對企業外部環境的分析產生全球性的深遠影響。

圖2-1 五力分析

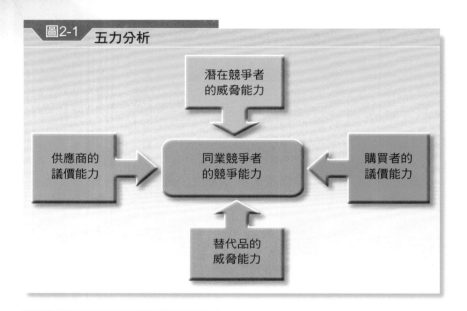

表2-4 五力決定影響因素1

| 五力 | 決定影響因素 |
| --- | --- |
| 1. 供應商的議價能力 | 進貨特異性、供應商的轉換成本、進貨替代、供應商集中度、數量對供應商的重要性、成本與總購貨額之比較、向前整合之威脅等。 |
| 2. 購買者的議價能力 | 客戶集中度、客戶的訂購數量、向後整合能力、價格與總購貨額之比較、客戶利益等。 |
| 3. 潛在競爭者的威脅能力 | 經濟規模、特有產品差異化、品牌、資金條件、行銷管道、成本優勢、政府政策等。 |
| 4. 替代品的威脅能力 | 相對價格替代效果、客戶對替代品之喜好程度等。 |
| 5. 同業競爭者的競爭能力 | 產業成長、間歇的產能過剩、產品差異性、集中度、競爭者多角化程度、退出障礙等。 |

波特的五力分析主要是要分析產業結構、決定產業的優勢能力。產業若具有優勢的吸引力，有以下五個特徵：

　　1.競爭者少且產業成長快速。

　　2.供應商多且議價能力低。

　　3.購買者多且議價能力低。

　　4.新進入者的威脅少，且進入障礙高。

　　5.替代品少。

　　反之，則產業不具吸引力。我們用五力分析來探討7-11：

　　由以上可察覺到，7-11的供應商的議價能力、購買者的議價能力、替代品的威脅能力，以及同業競爭者的競爭能力等，具備了較強的優勢能力，但在潛在競爭者的威脅能力方面，網購與生鮮超市，將可能對其造成潛在的威脅問題。

**表2-5　五力決定影響因素2**

| 五力 | 決定影響因素 |
| --- | --- |
| 1. 供應商的議價能力 | 供應商要來拜託，而且還要付上架費與運費 |
| 2. 購買者的議價能力 | 顧客不能殺價，而且還現金交易或使用悠遊卡 |
| 3. 潛在競爭者的威脅能力 | 電視與網路購物、生鮮超市 |
| 4. 替代品的威脅能力 | 目前尚無 |
| 5. 同業競爭者的競爭能力 | (1) 產業成長趨緩<br>(2) 競爭者集中度高<br>(3) 產品差異化小 |

## 內部環境分析

內部環境分析主要是企業察覺外部環境的機會與威脅之後，來運用企業內部有形資產與無形資產，以利厚植核心能力，在適當時機進入多元市場，通往永續經營發展，以保企業常青。

### ★ 企業內部有形資產

有形資產的數量一般可以從企業的財務報表上查到，當考慮某項有形資產的策略價值時，不僅要看到數量，而且要評價其產生優勢競爭的潛力。

1. 流動資金：借貸能力與內部資金。包含短期投資、有價證券、應收帳款、應收票據、應收債權、長期投資、現金流量等。
2. 固定資產：廠房設備、行政設施、地段與土地等。包含商品、原料、物料、在製品、製成品、副產品、固定資產、遞耗資產等。

### ★ 企業內部無形資產

在知識經濟時代中，無形資產逐漸成為企業價值的重要成分。但很多企業只重視有形資產而不關心無形資產，殊不知許多無形資產，是創造企業價值的關鍵，經過統計分析，1998年超過5%的S&P 500 市場價值是來自無形資產。以下分別說明無形資產的內容：

1. 人力資本：各單位人員的專業知識、技巧與態度等，有的企業稱為專業職能。
2. 資訊資本：資訊系統、資訊庫與網路等資訊科技的整合。
3. 組織資本：關係到企業內部的文化、領導、整合、團隊等要素，影響了策略性夥伴在組織變革中的時間轉換能力，以及對應顧客的回應速度能力，有的企業稱為管理職能。
4. 智慧財產：營業權、著作權、專利權、商標權、事業名稱、品牌名稱、設計或模型、計畫、秘密方法、營業秘密，或有關工業、商業或科學經驗之資訊或專門知識、各種特許權利、行銷網路、客戶資料等。
5. 品牌：「品牌」不是「商標」。「品牌」指的是產品或服務的象徵。而符號性的識別標記，指的是「商標」。品牌所涵蓋的領域，則必須包括商譽、產品、企業文化以及整體營運的管理。

## SWOT分析

SWOT分析法是肯恩‧安德魯（Ken Andrew）發展出來的，也就是分析判斷外部環境的機會（Opportunity）和威脅（Threat），以及企業本身內部的優勢（Strength）和劣勢（Weakness），進而根據企業的外部環境和內部資源來確定經營發展的方向。其思考問題的方向如下：

| 表2-6 | SWOT分析思考方向 |
| --- | --- |
| 機會（Opportunity） | 威脅（Threat） |
| 1. 對產業有利多的政經事件？<br>2. 市場上有什麼發展的機會？<br>3. 可以提供什麼新產品或服務？<br>4. 可以吸引什麼新顧客？<br>5. 有什麼適合的新商機？ | 1. 對企業有傷害的政經環境？<br>2. 科技的變化或替代品是否傷害組織？<br>3. 是否趕不上顧客需求改變？<br>4. 有什麼事件可能會威脅組織？ |
| 優勢（Strength） | 劣勢（Weakness） |
| 1. 擅長什麼？<br>2. 資源或機制（制度）有何優勢？<br>3. 能做什麼別人做不到？<br>4. 顧客為什麼而來？<br>5. 最近一兩年因何成功？ | 1. 什麼做不來？<br>2. 缺乏什麼技術、資金、人才、機制（制度）？<br>3. 同行有什麼比我們好的？<br>4. 不能滿足何種顧客？ |

圖2-2　企業主管人員討論與製作SWOT分析，即可找出外部威脅與內部劣勢

二 績效VS.問題？

## 企業四大構面因果關係

　　隨著激烈競爭環境的波動，企業也面臨轉型挑戰，除了「憑經驗」、「依直覺」、「套公式」的解決問題之外，我們應該更具備「結構性」、「系統性」的能力，才能為組織創造優勢，塑造卓越的競爭力。

　　平衡計分卡（Balanced Score Card, BSC）源自於哈佛大學教授Robert S. Kaplan與諾朗頓研究院執行長David P. Norton於1990年所從事的「未來組織績效衡量方法」研究計畫，在找出超越傳統以財務會計量度為主的績效衡量模式，是一個企業整合式的架構，不僅保留傳統財務構面的問題解決，做為企業最終的整體表現；同時，也「平衡」地處理不同構面的重點問題，包括企業的長期和短期指標、內部和外部指標、財務和非財務指標，並且，搭配了領先和落後指標，以及四個不同因果相關的構面，釐清了企業營運有可能產生問題的因果關係。

　　再則，不再只關注於短期財務報表的績效而已，也能將顧客的價值主張、生產製程的良率、產品的研發時程和員工的士氣等，有利於企業中長期發展的面向，都能全面性地納入行動目標的考量，以提高企業未來的價值。甚至，讓企業未來可能出現的

問題，不見得是要瞎子摸象，過河摸石，可以結構式、系統化的
方式，有效地事先未雨綢繆，避免等問題爆後，再來亡羊補牢，
已經為時已晚了。因此，哈佛商學院Harvard Business Review評論
平衡計分卡，為過去七十五年以來最具影響力的管理思維。

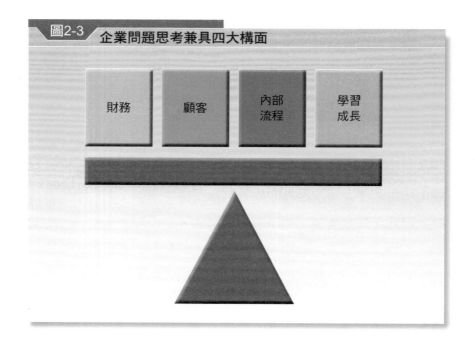

圖2-3　企業問題思考兼具四大構面

財務　顧客　內部流程　學習成長

　　「財務構面」通常與如何賺錢有關，例如營收、利潤、毛
利、應收帳款、現金流量等財務數字，可反映出過去一段時間所
執行的最終成果，讓企業評估是否達成預期的目標。而要達成財
務構面的「果」，必須專注顧客構面的「因」，執行增加營收行

動方案，企業必然竭盡滿足消費者的需求（價格、品質、功能、便利、服務、夥伴關係、品牌等），因此，「顧客構面」可協助管理人員聚焦哪些價值主張，掌握不同的市場或顧客來做區隔，並追蹤區隔中的績效表現，例如：市場占有率、顧客滿意度、顧客抱怨率等，都是具代表性的成果指標。

　　而要達成顧客構面的「果」，必須專注內部流程構面的「因」，為了要滿足顧客需求，企業往往必須改善既有的作業流程、採購高品質的原物料、重建新的製造技術、設計創新的產品，甚至維繫良好的公共關係與重塑企業形象等，所追求的績效指標，例如：製程良率、交貨達成率、研發時程達成率、供應商交貨退回率、總合作業效能等。

　　而要達成內部流程的「果」，必須專注學習成長構面的「因」，也就是說，內部流程能否順利運作及執行的關鍵，主要在於員工意願與能力的表現。因此，透過學習成長構面，可讓企業提升員工工作意願、發掘並建構新的學習職能，以及知識管理的經驗傳承等，協助第一線員工的日常行動，確保朝著公司的願景與目標方向前進，所追求的績效指標，例如：教育訓練計畫之達成率、員工離職率、員工平均受訓時數、多能工率、員工滿意度、新進人員留任率、員工流動率等。

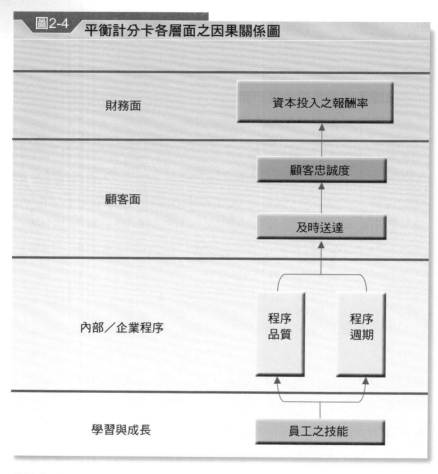

**圖2-4** 平衡計分卡各層面之因果關係圖

| | |
|---|---|
| 財務面 | 資本投入之報酬率 |
| 顧客面 | 顧客忠誠度 / 及時送達 |
| 內部／企業程序 | 程序品質 / 程序週期 |
| 學習與成長 | 員工之技能 |

資料來源：Kaplan and Norton (1997). *The Balanced Scorecard*. Harvard Business School Press. p.31.

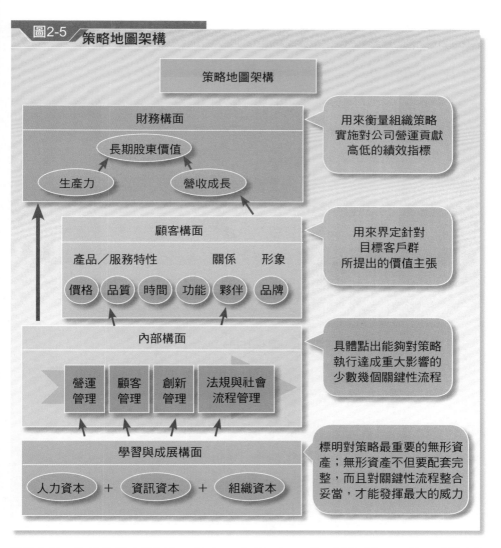

**圖2-5　策略地圖架構**

策略地圖架構

財務構面 —— 用來衡量組織策略實施對公司營運貢獻高低的績效指標

長期股東價值

生產力　　營收成長

顧客構面 —— 用來界定針對目標客戶群所提出的價值主張

產品／服務特性　　關係　　形象

價格　品質　時間　功能　夥伴　品牌

內部構面 —— 具體點出能夠對策略執行達成重大影響的少數幾個關鍵性流程

營運管理　顧客管理　創新管理　法規與社會流程管理

學習與成展構面 —— 標明對策略最重要的無形資產；無形資產不但要配套完整，而且對關鍵性流程整合妥當，才能發揮最大的威力

人力資本　＋　資訊資本　＋　組織資本

資料來源：陳正平譯（2004）。Robert S. Kaplan、David P. Norton著。《策略地圖：串聯組織策略從形成到徹底實施的動態管理工具》（*Strategy Maps: Converting Intangible Assets into Tangible Outcomes*）。臉譜出版，頁75。

## 平衡不僅是追求績效，也是解決問題

### ★「短期」與「長期」指標的平衡

原則上，「短期」是指財務、顧客構面；「長期」是指內部流程、學習成長構面。大部分企業在追求績效的過程中，一味地尋求財務報表的數字呈現。倘若只著重短期財務的後果，不僅會讓企業畫地自限，縮減了向外更多發展的空間和機會，也可能導致企業為了追求眼前績效，而刪減必要的支出，例如：中止了市場調查、減少顧客關係的維繫、降低新產品的研發經費。從長遠經營管理角度來看，企業不僅無法成長，甚至有可能流失大量顧客，衍生出更多的問題，因此，企業必須專注於「短期」與「長期」指標的平衡。

### ★「財務」與「非財務」指標的平衡

原則上，「財務」是指財務構面；「非財務」是指顧客、內部流程、學習成長構面。擺脫了以往追求績效時，唯財務數字獨尊的偏頗，將顧客、內部流程、學習成長等非財務構面，也一併考量在內，兼具了財務和非財務指標所產生的影響。

### ★「外部」與「內部」指標的平衡

原則上，「外部」是指財務、顧客構面；「內部」是指內部流程、學習成長構面。企業營運的過程中，外部股東、外部顧客和內部員工，三者會相互配合，而且也會相互影響。經營管理階

層在乎的股東報酬，必須經由提供顧客有價值的產品與服務；而且，優質的員工技能、友善的團隊向心力、順暢無瑕疵的內部流程，才能讓企業生產或銷售有價值的商品與服務，來滿足顧客需求。因此，有了優質的員工、順暢的流程，才能有滿意的顧客，進一步創造更多利潤，最後才有漂亮的財務，來達成股東期望的報酬。妥善關注每個構面的平衡，企業才能獲得永續的價值，以及避免衍生性的問題。

## ★「落後」與「領先」指標的平衡

原則上，「落後」是指財務、顧客構面；「領先」是指內部流程、學習成長構面。倘若僅有落後指標卻沒有領先指標，只能評估企業最終的目標是否達成，卻無法瞭解是運用何種方式來解決問題完成目標，例如：每季的財務報表就屬於落後指標。相反地，只有領先指標而沒有落後指標，即使可以即時顯示企業內部經營狀況，卻無法呈現解決問題後會對最終成果產生什麼影響，例如：在員工訓練時數上錙銖必較，卻不清楚培訓員工將有助於企業未來達成哪些終極目標。因此，「落後」與「領先」指標的平衡，將對企業解決現有問題以及防微杜漸未來的問題，帶來相當大的助益。

圖2-6 定義策略的因果關係圖

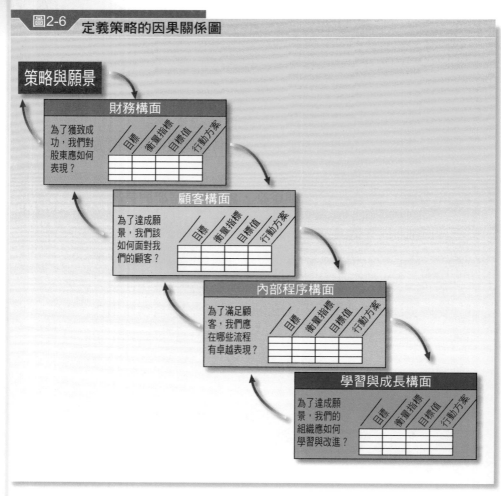

資料來源：陳正平譯（2004）。Robert S. Kaplan、David P. Norton著。《策略地圖》。臉譜出版，頁75。

　　藉由平衡計分卡四大構面的因果關係，代表著一系列環環相扣的思考邏輯，除了可以一窺整體組織績效所產生交互效果的全貌，還能清楚地呈現出企業解決問題的「因果關係」。也就是說，運用平衡計分卡的四大構面，不僅會呈現出各項指標「平衡」的狀態，更能讓管理階層洞察出組織的整體績效目標與解決問題，是否符合前提假設、因果邏輯，以及是否確切地指引出未來的行動方案。

　　舉例來說，有一家網購公司為了解決營收狀況不佳的問題，運用了平衡計分卡四大構面。該公司先是在財務構面上，設定一個提升營收的改善目標，然後假設提高「顧客滿意度」將有助於提升營收，於是透過市場調查，察覺顧客滿意度當中，最重視的是「如期交貨」，因此，「如期交貨」成為影響顧客滿意度的關鍵點。

　　接下來，倘若要達到如期交貨的目標，公司可能必須修正上游廠商的進出貨流程，以及擴充倉儲空間備妥適當的庫存量，並在進一步檢討之後，找出「客訴快速回應」和「內部流程品質」仍有進步空間。最後，假設要改善客訴快速回應，勢必要有符合技能的員工來進行相關任務，或是提供適當的教育訓練來提升客訴能力，所以「提升員工技能」便成為學習成長構面中的重要指標，也是解決此問題最深層的「改善原因」。

## 構思成一座冰山

　　每一個問題的發生一定是事出必有「因」，所以，緊接著是就「為何會發生問題」去探究原因。我們可以先構思問題好像一座冰山，有的原因在冰山以上是可以看得到的，有的原因是在冰山以下是看不到的，運用「5W1H」反覆提出五次為什麼（5Why），針對問題垂直式思考一層又一層地深入探討原因，最後找到真因與提出方法解決（1How）（有時候簡單的事件可能4W、3W或2W即找出真正的原因）。

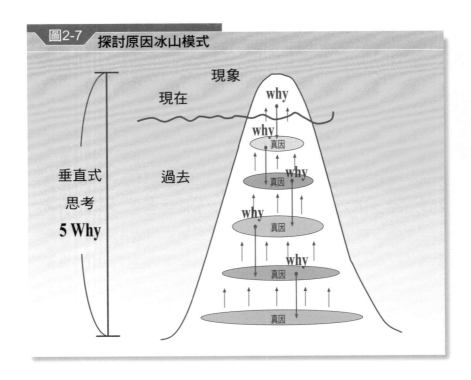

圖2-7　探討原因冰山模式

舉個例子，在辦公室聞到廁所的異味，這種類似的問題，反覆提出五次為什麼（5Why），垂直式地思考探討原因。

**表2-7 探討原因「5Why」**

| 質問 Why | 找出原因 |
| --- | --- |
| 1. 為什麼廁所有異味？ | 1. 因為馬桶沖水量不足 |
| 2. 為什麼沖水量會不足？ | 2. 因為儲存水位不足 |
| 3. 為什麼儲存水位會不足？ | 3. 因為幫浦失靈了 |
| 4. 為什麼幫浦會失靈？ | 4. 因為輪軸耗損了 |
| 5. 為什麼輪軸會耗損？ | 5. 因為雜質跑到裡面去了 |

**圖2-8 探討原因五次因**

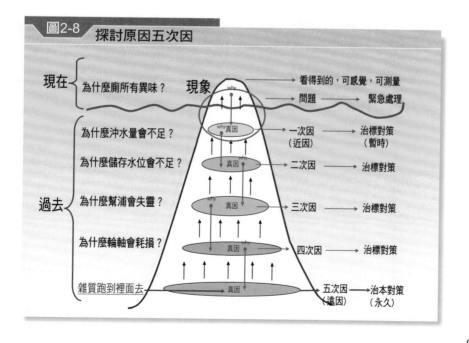

也可以將此冰山模式，運用在平衡計分卡四大構面的因果關係，來找出改善問題的主要原因，可以藉由縱向思考的向下挖掘「Why」的方式，例如：

為什麼「財務報表不佳」，因為顧客不滿意；

為什麼「顧客不滿意」，因為內部流程不順暢；

為什麼「內部流程不順暢」，因為學習成長不好；

為什麼「學習成長不好」，因為員工不會做、做不好、不願意做；

為什麼「員工不會做、做不好、不願意做」，因為沒做好教育訓練。

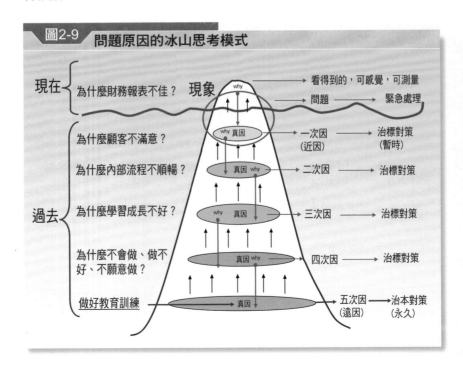

圖2-9　問題原因的冰山思考模式

　　換句話說，運用平衡計分卡是一種「因果」的相關性，也是一種邏輯推理的演繹法，例如：做好教育訓練的「因」，造成員工比較會做、比較做得好、比較願意做的「果」；員工比較會做、比較做得好、比較願意的「因」，造成學習成長比較好的「果」；學習成長比較好的「因」，造成內部流程比較順暢的「果」；內部流程比較順暢的「因」，造成顧客比較滿意的「果」；顧客比較滿意的「因」，造成財務報表比較漂亮的「果」。

　　企業在解決問題的邏輯辯證大多在於「相對性」的因果關係，而非「絕對性」的因果關係；深耕於做好教育訓練的企業，在未來的財務報表上將會比較漂亮，然而，並不代表未來的財務報表一定會漂亮。畢竟影響財務報表是否漂亮，較大的要素終究是大環境的景氣，以及產業趨勢的榮枯，只是，企業本身較能「可控」著墨的解決問題，關鍵在於強化內部體質「做好教育訓練」。我們不難發現，當景氣好時，內部體質優的企業，財務報表的呈現特別出色；當景氣不好時，內部體質優的企業尚能抵禦寒冬，立足於「小虧即贏」的不敗之地，內部體質差的企業可能步入虧損連連而慘遭淘汰。

# 三 態度加上專業

## 車子會對香草過敏？

### 【背景說明】

　　這是一則真實故事，它是發生在美國通用汽車的客戶與該公司客服部間的客訴事件。有一天，美國通用汽車公司的龐帝克（Pontiac）部門收到一封客訴信件，如此寫著：

　　這次是我為了同一件事情第二次寫信給你，我不會責怪你們為什麼沒有回信給我，因為，我也覺得這樣會被認定我是個瘋子，可是呢，這千真萬確是個事實。在我們家庭有一個傳統習慣，就是在吃完晚飯後，我們都會享用飯後甜點，通常都是吃冰淇淋為主。因為冰淇淋的口味眾多，所以，我們就用投票的方式，來決定要吃哪一種口味的冰淇淋，等到大家決定了口味，我就負責開車去採買。

　　但是，自從最近我買了一部新的龐帝克後，在我去買冰淇淋的這段路程中，問題就發生了。你知道嗎？每當停好車子，買的冰淇淋是香草口味時，我從店裡出來發動車子，就發不動。但如果我買的是其他口味的冰淇淋，車子就發動得很順。我要讓你知道，儘管這個問題聽起來很詭異，但我對這件事情是非常認真的。為什麼這部龐帝克當我買了香草冰淇淋它就秀逗，而我不管什麼時候買其他口味的冰淇淋，它就像一尾活龍？為什麼？為什麼？

## 【處理過程】

　　事實上，當時的龐帝克總經理對這封信的內容，還真的相當質疑它的可信度，但他還是指派了一位專業工程師去查看整個事情的全貌。當工程師找上了這位投訴者，很驚訝的發現他是一位事業成功、樂觀且受了高等教育的人。

　　工程師刻意安排與這位投訴者的見面時間，剛好是在用完晚餐後，於是，兩人從容不迫地上車，開往冰淇淋店。當天晚上的投票是吃香草口味，當他們買好了香草冰淇淋，回到車上後，發現車子又秀逗了。

　　這位工程師之後又約訪了三個晚上。第一晚，巧克力冰淇淋，車子就正常。第二晚，草莓冰淇淋，車子也沒事。第三晚，香草冰淇淋，車子又秀逗了。

　　這位思考有邏輯的工程師，打死也無法相信車子會對香草過敏。因此，他仍然不放棄，繼續安排同樣的行程，深入瞭解整個細節，希望能夠找出真正的原因，解決這個問題。於是，工程師開始記下從開始到現在所發生的種種詳細資料，例如：發車時間、車子使用油的種類、車子開出及開回的時間、車程里數等，根據他整理的資料顯示，有一個明顯的差異是，這位投訴者買香草冰淇淋所花的時間比其他口味的要少。

## 【找出原因】

　　為什麼會這樣呢？主要原因是出在這家冰淇淋店的內部擺設。因為，最暢銷的冰淇淋口味一直都是香草口味，店家為了方便顧客

每次都能快速的拿取，將香草口味特別分開陳列在單獨的冰櫃，並放置在店的前端；至於其他口味則放置在距離收銀檯較遠的後端。

　　工程師所要知道的疑問是，為什麼這部車會因為從熄火到重新啟動的時間較短時就會秀逗？工程師很快地由心中浮現出，真正的問題原因是熄火時間，答案就在「蒸氣鎖」。因為當這位投訴者買其他口味時，熄火的時間較久，引擎有足夠的時間散熱，重新發動時就沒有太大的問題。但是買香草口味時，由於花的時間較短，熄火的時間較短，導致引擎太熱無法讓「蒸氣鎖」有足夠的時間散熱。

　　縱然以上問題乍看之下真的有些瘋狂，可是有時候它還是真實的事件，如果每次在看待任何問題時，秉持著中立客觀、冷靜思考地找出真正的原因，順藤摸瓜地尋找解決的方法，看起來會比較簡單而不那麼複雜了。這個問題能夠圓滿的解決，主要有如下幾個成功要素：

　　要素一：龐帝克總經理剛開始對這封信的內容，相當質疑它的可信度，但還是指派了一位工程師去處理問題。如果他剛開始的態度認為這「不可能」，而擱下置之不理，那麼，這個問題永遠沒有人重視他，甚至影響後續的業績與商譽。

　　要素二：工程師發現這位投訴者是一位事業成功、樂觀且受了高等教育的人，初步判斷他可不是個瘋子，而且，更相信整個事件的真實性。

要素三：工程師至少花了四個晚上到現場、看現物、深入瞭解「人事時地物」整個細節，凡是以事實為依據地蒐集資料，不擅作車子會對香草過敏的推測，使得資料充分且可靠。

要素四：工程師將購買香草冰淇淋的過程，與其他口味相互比對，「差異分析」歸納出熄火時間為此問題的真正原因。

要素五：工程師找出了真正原因是熄火時間，隨即仰賴他的專業判斷，浮現出答案是「蒸氣鎖」。

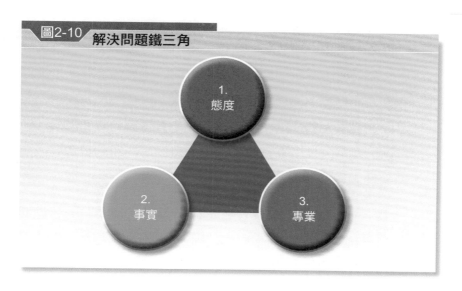

圖2-10　解決問題鐵三角

1. 態度

2. 事實

3. 專業

所以，由以上得知，總經理的態度、工程師掌握事實的充分資料，以及專業能力等，將有助於找出真正的原因，並且有效地解決。

如何找出問題真正的原因，主要關鍵是仰賴完整的「數據蒐

集」，以及現況交叉比對的「差異分析」。

1. 數據蒐集：除了過往累積的經驗之外，還要到「現場」將「現物」做「現狀」的觀察（三現原則），將事實的基本資料加以客觀性的系統分析，以確定重點所在。例如：開車者的駕駛習性、整個開車行駛過程、車程里數、停車時間、購買冰淇淋的位置、發車回家時間、車子開出及開回的時間、車子的目前狀況、車子使用油的種類等。

2. 差異分析：客觀地掌握實際的事實與數據後，藉由「人事時地物」的分類來具體描述，將巧克力、草莓與香草冰淇淋等三種口味交叉比對，找出主要的差異為香草冰淇淋擺設「地點」不同，造成熄火的「時間」較短（**表**2-8），導致引擎太熱，無法讓「蒸氣鎖」有足夠的時間散熱。所以，就可以找出真正原因是熄火時間，問題的根源是「蒸氣鎖」。

一般企業在進行「差異分析」的分類，將視問題的特性而定，以上案例是以「人事時地物」來做具體分類與描述；如果是在製程方面的問題，大部分運用「5M1E」來做「差異分析」的分類，找出真正原因，如**表**2-9。

另外，如果企業所要解決的問題與營業額有關，在分析問題原因的歸類，可劃分為五大類，例如：產品（Product）、價格（Price）、通路（Place）、促銷（Promotion）、公關（Public Relation）等，也就是我們常用的5P。

## 表2-8 「人事時地物」的差異分析

| | 具體描述 | 巧克力冰淇淋 | 草莓冰淇淋 | 香草冰淇淋 | 是否差異 | 差異原因 |
|---|---|---|---|---|---|---|
| 人 | 開車者的駕駛習性 | | | | 無 | |
| 事 | 整個開車行駛過程車程里數 | | | | 無 | |
| 時 | 停車時間<br>發車回家時間<br>車子開出及開回的時間 | | | | 有 | 熄火時間的長短 |
| 地 | 購買冰淇淋的位置 | | | | 有 | |
| 物 | 車子的目前狀況<br>車子使用油的種類 | | | | 無 | |

## 表2-9 「人機料法測環」的差異分析

| | 具體描述 | 不會造成現象差異（標準作業） | 造成現象有差異（實際作業） | 差異原因 |
|---|---|---|---|---|
| 人（Men） | 技能檢定 | | | |
| 機器（Machine） | 保養與條件 | | | |
| 材料（Material） | BOM | | | |
| 方法（Method） | SOP | | | |
| 測量（Measurement） | SIP | | | |
| 環境（Environment） | 5S | | | |

# 四 運用團隊找出原因

　　探索型問題的原因，並非僅有單一原因而已，大部分是多重原因所構成的，所以，一般企業在解決探索型問題時，採用團隊協作與共同討論的解決方式，4～8人的團隊運作，絕對比個人的效益高出很多，因此，歸納出團隊分析多重原因的方法，有如下幾種：

## CBS法（Card Brainstorming）

　　是一種使用卡片的腦力激盪法。本法進行時，小組成員先作自我沉思，將沉思構想寫在卡片上，是一個融合個人思考與集體思考的方法，也可以是腦力激盪法（BS）的改良技法。在使用CBS法的過程中，團隊成員的構思自由奔放，而且想法愈多愈好，彼此間禁止批評別人的想法，最後再進行整合與改進。

## KJ法

　　KJ法是日本人川喜田二郎（Kawakita Jiro）所開發的方法，其所衍生的應用方法十分多，應用的範圍也相當廣。無論簡單的或複雜的問題，都可以用KJ法來處理，使問題的內容或構造變得清晰而易於掌握。KJ法簡單地說，就是利用卡片做歸類的方法。這個方法同時有一個好處，那就是因為採用卡片填寫及輪流說明

**圖2-11** 團隊成員運用CBS法與KJ法

的方式，讓每一位成員都有表達自己想法和觀念的機會，而不是
只有勇於發言的少數人貢獻他們的智慧而已。

## 要因分析法

　　一個問題的特性受到一些要因的影響時，我們將這些要因加
以整理成為有相互關係而且有條理的圖形。這個圖形稱為特性要
因圖。將問題的原因分成一次因、二次因、三次因，而繪製成特
性要因圖，此圖其形狀像魚骨，故又稱魚骨圖。

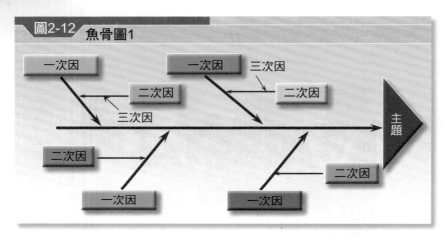

圖2-12 魚骨圖1

一次因
二次因
三次因
一次因
三次因
二次因
二次因
一次因
二次因
一次因
主題

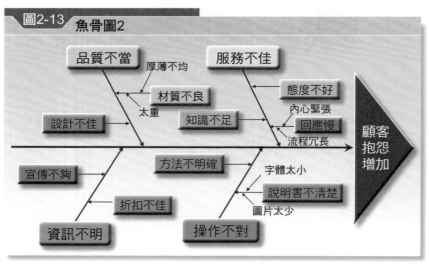

圖2-13 魚骨圖2

品質不當
厚薄不均
材質不良
太重
設計不佳
知識不足
服務不佳
態度不好
內心緊張
回應慢
流程冗長
顧客抱怨增加

宣傳不夠
方法不明確
字體太小
說明書不清楚
圖片太少
折扣不佳
資訊不明
操作不對

　　以下是一家自行車製造商針對「顧客抱怨」增加的問題，使用魚骨圖來找多重原因，也就是此問題的原因總覽圖。

**圖2-14** 團隊成員製作原因型的魚骨圖

**圖2-15** 團隊成員已將近完成原因型的魚骨圖

圖2-16 協助學員完成原因型的魚骨圖

## 心智圖法

　　心智圖法（Mind Mapping）在1970年代由英國的東尼‧博贊（Tony Buzan）先生所研發。他研究心理學、腦神經生理學、語言學、神經語言學、資訊理論、記憶技巧、理解力、創意思考及一般科學，並曾試著將腦皮層關於文字與顏色的技巧合用，發現因作筆記的方法改變而大大地增加了至少超過百分之百的記憶力。

　　逐漸地，整個架構慢慢形成，Tony Buzan也開始訓練一群被稱為「學習障礙者」、「閱讀能力喪失」的族群，這些被稱為失敗者或曾被放棄的學生，很快的變成好學生，其中更有一部分成

為同年紀中的佼佼者。1971年Tony Buzan開始將他的研究成果集結成書，慢慢形成了放射性思考（Radiant Thinking）和心智圖法的概念。

　　以下是針對顧客抱怨事件增加的問題，使用心智圖法拓展多重原因。

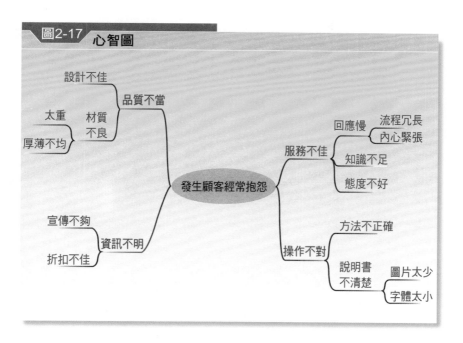

圖2-17　心智圖

　　無論是運用魚骨圖法或心智圖法，找出全部可能造成原因，再進行歸類不可控與可控的原因。其中造成不可控的原因包括：外部環境的政治、經濟、社會文化、科技演進或政府公權力介入等，對於企業利空的威脅將造成很大的傷害，想要找出良方對治

它都會感受到回天乏術。例如：美國影片出租龍頭百視達面臨業績持續下滑的問題，主要原因是網路科技的替代；台灣亞力山大健身俱樂部倒閉的問題，主要原因是區域運動中心與新社區大樓健身設施，吸收或替代了它的會員服務。

　　相較之下，針對可控的原因可優先解決，較符合經濟效益，也就是說，將魚骨圖法或心智圖法找出的可控原因，優先進行下一步的制訂對策。

# 策略性的思考與執行

一、為什麼「員工學習成長不好」，因為員工不會做、做不好、不願意做；為什麼員工不會做、做不好、不願意做？

二、在內文中「車子會對香草過敏？」的個案敘述，這位工程師圓滿解決問題，主要有哪幾個成功要素？

三、試舉例一個探索型的問題，運用團隊成員製作一份原因型的魚骨圖？

3

制定可行性對策

# 一 對策來自團隊成員共創

## 成功運用團隊Workshop解決問題

無論是企業組織、專案小組、工作團隊等解決問題的核心價值都有「創新」，如要創造更多價值與組織能量，必須要懂得善用最基本且最有效的團隊共創工具「Workshop」，讓團隊每一個成員都參與動腦解決問題，才能找到好點子成為創新的基礎。

Workshop解決問題是指團隊成員（最好4～8人）自主性地參與溝通討論，共同實務體驗與運作，創造出解決問題的可行性對策。為此，團隊每一個成員時時懷著當事者意識，貢獻出的智慧在此互相激盪，整個過程都在學習、體驗、修正，並且逐漸成長，使得團隊成員激發彼此的潛能，也擴大了交互影響，產生出更大的產出成效。

運用Workshop進行團隊解決問題，必須掌握五大原則：

★原則1：集中性

討論的問題主題要集中專一，不要離題，鎖定焦點討論。訂出一個「具體明確」、「聚焦顧客需求」與「開放式」的主題是成功的第一步，以下三個解決問題主題，你認為哪一個較好？

A：我們的營收下滑，如何提升？

B：我們如何增加客戶滿意度，又讓我們提升營收？

C：我們如何降低用餐客戶等待出菜的時間，又讓我們可以增加客戶滿意度，也提升營收？

很顯然地，相較之下A主題太過於廣泛地發散，C主題較為集中且較好運用團隊腦力激盪。更值得注意的是，解決問題的主題最好集中在單一目的上，不要進行多個主題與目的。

## ★原則2：參與性

鼓勵團隊成員突發奇想，或者出現瘋狂的點子，並且在輕鬆的氣氛下思考，無拘束地暢所欲言。如果員工會擔心發言遭到懲戒的話，就很可能扼殺了創新想法。大部分的團隊Workshop都有相同的參與動力曲線，那就是一開始較為緩慢，然後逐漸地加強，接著發展到高峰。所以，主持人應該要能夠塑造放鬆的環境氣氛，使得團隊對話的方式讓創新動能在一開始不至於中斷，並保持源源不斷的討論，當發覺到發想動能與團隊對話開始加強的時候，可以適時地保持沉默，而在發想動能減弱與團隊對話變得冷淡時，需要立即跳進來加強保持新的動能。

## ★原則3：自主性

每次只有一個人發言，不要打斷別人的發言，也不要急著評論點子的好壞，或者斷然地下結論，應尊重每一位成員自主性的想法，能夠被充分的表達出來，只有不批判他人發言，才能讓所有成員自由發想。常見扼殺創新的方式就是說出：「這個點子很

怪」、「怎麼會說出這個爛點子」、「這個不可能做得到」。

★原則4：學習性

可以運用其他人的想法為基礎來舉一反三，將別人的想法以接力賽的方式接棒發想，再不斷地激盪出更好的新點子，甚至，可以接受團隊中出現與他人相近的想法。所以不要說「這個點子很不錯……可是呢……」，而是要說「這個點子很好……而且還可以怎樣如何……」。另外，也可以利用身體激盪法（bodystorming），實際角色扮演演練顧客的行為與使用產品的情形，近一步掌握可能產生的問題，尋找可能改善產品的機會。

★原則5：創造性

徵求大量點子，以量取勝，量比質重要。也就是說，先由團隊成員發散思考，廣泛蒐集點子，再來收斂與歸類。甚至，把點子用彩色筆或畫畫的方式加以編號，寫在海報或便利貼上，並且貼在牆上展現，使得團隊成員以抬頭目視看著海報或便利貼，能夠看到這個會議的成果與進展，也更容易激盪出創新的點子，以及找出值得注意的點子，共創團隊產生綜效。

## 團隊Workshop失敗的五大主因

值得注意的是，雖然掌握住團隊解決問題Workshop五大原則，但也可能簡單地毀掉一場團隊Workshop的效能，很簡單，只要你做了以下五件事：

圖3-1　團隊Workshop五大原則

★主因1：讓leader先發表

　　只要團隊leader先發表，就注定團隊Workshop失敗了，因為團隊成員會傾向揣測與說出leader喜歡的對策，最後可能流於一言堂的形式。

★主因2：只有特定人發言

　　尤其是只侷限專家顧問或技術人員發言，會看不到解決問題的全貌，團隊Workshop最好由不同性質的人組成，匯集各領域人才的智慧精華，最好的理想人數約為4～8人（不超過10人），如果團隊成員中有與主題有關的專家顧問或技術人員，比例上不超過半數，因為綜合各領域人才的專業，對於擴大發想的數量與內容更有幫助。

★主因3：不容許笨點子

如果團隊成員在發想每個點子時，都必須顧慮到每個想法都要能實行才能提出，那麼，將會扼殺了創意的基因，而且團隊Workshop的氣氛也會冷到凍傷。

★主因4：專業知識不足

每個團隊成員的專業經驗不足，透過團隊Workshop所產出的內容品質，將會大打折扣。

★主因5：逐字記錄會議

會議內容只要記錄重點、結論、未結論與建議事項即可，如果主持人兼任會議記錄，將會使得主持人分身乏術，控制不了產出成效。

圖3-2 團隊Workshop失敗五大主因

## 團隊決議四大方式

企業透過團隊的運作解決問題，制訂對策的決議方式，分為以下四種：

### ★方式1：主持人決議

主持人聽取團隊成員的意見，衡量利弊得失的選項後，由主持人做決定，此種決議方式花費時間較短，通常運用在處理緊急危機的問題，倘若這主持人不夠英明的話，決策風險是相當高的。

### ★方式2：投票決議

經過仔細的討論後，主持人列出多種選項，分析各選項的優缺點後，要求舉手表決，以多數人的意見決議，通常運用在處理福利類的問題，例如：年度旅遊要去哪裡、員工餐廳的用餐菜色要選定哪幾種、員工子女教育獎金該如何補助等，大多數在企業的福利委員會都是這麼運作的。

### ★方式3：妥協決議

並非團隊成員全部都贊成決定，但經過溝通妥協後，所有的團隊成員能支持或接受此決定，通常運用在處理專業性的問題，例如：良率不佳、顧客滿意度低、員工離職率高等問題，東方人的企業在解決問題至少超過八成採用此決議方式，但這種方式的缺點是，無法讓團隊所有成員有參與感，而且，大多數會附和主管或資深人員的想法，或礙於主管或資深人員的權力而妥協，導致於後續改善對策的執行力大打折扣。

★方式4：共識決議

　　團隊成員透過Workshop的方式，每一位成員均參與溝通、討論且充分表達自己的想法，彼此之間互有承諾，幾乎達到每個成員都認同這個決議，有效克服妥協決議的缺點。

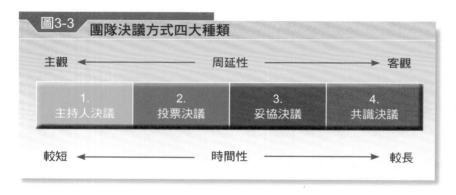

**圖3-3　團隊決議方式四大種類**

| 主觀 ← | 周延性 | → 客觀 |
|---|---|---|

| 1.<br>主持人決議 | 2.<br>投票決議 | 3.<br>妥協決議 | 4.<br>共識決議 |
|---|---|---|---|

| 較短 ← | 時間性 | → 較長 |
|---|---|---|

**圖3-4　團隊成員Workshop牆上展現，使得更專注在解決問題的焦點上**

圖3-5 即使是趴在地上，看得出來團隊成員Workshop相當用心與投入

在筆者授課的企業中，例如：遠東集團、國泰集團、金仁寶集團、歐旻集團、美商艾克爾、景智電子、台灣東電化（TDK）、鉅晶電子、禾伸堂企業、南亞科技、久元電子、台灣晶技、光磊科技、均豪精密、鼎元光電、太陽光電能源科技、智邦科技、上奇科技、安勤科技、友訊科技（D-Link）、譁裕實業、亞泰影像、必恩威亞太、三聯科技、驊陞科技、三陽工業、冠軍建材、和大工業、化新精密、亞翔工程、立大開發、中華電信、大榮貨運、聖保祿醫院、關貿網路、龍騰文化、日商倍樂生（巧連智）、台灣象印、環球購物中心、床的世界、言瑞租賃、長行行銷、捌零捌陸電訊、全科科技等企業，均以第四種共識決

議的方式，替代第三種妥協決議，來進行解決問題。因為，如有高明的對策，倘若無法有效落實執行，績效也是無法有效改善。所以，要落實制定對策有效執行，必須團隊成員對於決意的內容有共識；團隊成員要有共識，必須彼此之間互有承諾；彼此之間要有承諾，團隊成員每一份子必須參與溝通、討論。也就是說，團隊成員每一份子能夠多一點參與溝通、討論，彼此之間就多一份承諾，對於決議的內容添加一分共識，後續較能有效落實團隊執行力，績效也就提升了。

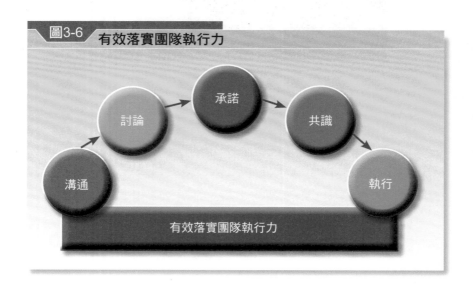

圖3-6　有效落實團隊執行力

圖3-7 團隊每位成員積極參與投入，將會更有成就感，後續也會落實執行力

# 二 對策來自內部員工創意

## 成功運用內部員工創意解決問題

在知識爆炸時代，創意猶如企業的源頭活水，源源不斷地注入活水，才能賦予企業永續經營的生命力，所以，創意已成為企業解決問題、創造競爭力最重要的因素之一。在解決問題的過程中，經營管理人員必須瞭解，他們是無法一肩扛下公司創意的湧泉，往往是第一線的員工可能會有最多創意點子，因為他們直接接觸顧客與供應商，並且是實際親身執行的人，因此，公司必須創造一個可以蒐集與彙整這些第一線員工創意的管道，並且設法善加運用這些構想。以下是一則運用內部員工創意解決問題的故事：

### 【背景說明】

美國高露潔牙膏成立於1806年，是由威廉·高露潔以自己的名字註冊的一家公司，以生產牙膏開始事業。經過兩個世紀的發展，高露潔的個人護理用品已經銷售到世界兩百多個國家，員工數逾四萬名，已成為銷售額超過153億美元，以及淨利超過19.5億美元的全球消費品公司。

### 【問題瓶頸】

縱使如巨人般的公司，發展到某一個程度時，仍然會遇到瓶頸與障礙，高露潔也曾有如此的遭遇，經由不斷地克服困難與解決問

題，才能走到今日的美好光景。有幾年的時間，高露潔公司的銷售額都維持在一定水平區間，始終無法得到大幅提升。為了使業績能夠持續走揚，高露潔公司在全球各地廣泛地徵求新的創意點子與別出心裁的廣告，以期高露潔牙膏的業績能夠再攀高峰。於是，高露潔公司承諾，如果創意點子相當可行，並且被認可採用，公司將提供創意發源者100萬美元的獎金。

徵求創意點子的公告一經發布後，高露潔公司每天接受到如雪花般飛來的創意點子，很可惜的是，這些創意點子了無新意，不外乎是請名人代言、俊男美女、抽獎送贈品，都是一些老掉牙的舊點子，所以，一直無法博得高露潔公司的青睞，可是面臨遲遲不能提升業績的殘酷事實，高露潔公司的經營階層還是要想辦法找出路，在這樣的情境下，只好召開全國高層及經理會議，商討如何提高銷售業績的對策。

## 【解決之道】

在會議中，公司高層與經理也是一籌莫展，討論不出具體的可行性方案，這時，有個年輕人突然間站了起來，說他有一個創意點子可使高露潔牙膏銷售上揚，可是，他要求創意被採用後，希望公司必須在獎金之外，另支付他酬金5萬美元，此話一出，立刻引發經營階層的不滿。

高露潔總裁說：「我每個月支付你薪水；還有每月獎金，現在我們開會討論如何提高銷售業績，應該是你分內的工作，而你卻要

求另外加付5萬元，是不是太過分了？」

這位年輕人很和氣的說：「總裁先生，千萬別誤會，在您看過我的創意點子後，再決定是否要採用，否則您可以隨意處置。」

總裁覺得這位年輕人說的有點道理，不妨先聽聽他的創意點子再來做決定也不遲，於是，他要年輕人把創意點子寫下來，出乎意外地，年輕人在一張紙條上只寫了幾個字，總裁看過後，馬上簽了一張5萬元美金的支票。

紙條上寫了一句話：「將現有的牙膏開口擴大一毫米（1mm）。」

乍看之下，多麼微不足道的簡單創意，但是我們可以試想看看，每個人早上起床刷牙洗臉時，兩眼惺忪，神智尚未清醒之下，誰會特別注意到牙膏開口尺寸有多大？今天擠了多少克的牙膏？擠多的牙膏又如何塞回去？每天早上每個消費者多擠一毫米的牙膏，這表示牙膏的銷售業績將會逆勢上揚，果然不久，高露潔改換銷售包裝及轉換新生產線，隔年，牙膏銷售量果然大幅增加。

除此之外，半導體產業的巨人英特爾（Intel），便是一個能夠不斷成功尋找創意解決問題的公司。以英特爾目前正在研發的新世代半導體為例，預估此新產品在不消耗更多電力的原則下，比目前市面上的產品的速度快上十倍。所以，英特爾在進行此專案時，必須符合以下四大原則（**表3-1**）：

**圖3-8** 將每位成員的創意點子寫在卡片上，創意點子將不會遺漏

1.釐清現況面臨的挑戰與待解決的問題。

2.用對的人才解決對的問題。

3.給予研發人員自主權與協助指導。

4.打破研發與製造單位的界線。

| 表3-1 | 創意解決問題四大原則 |
|---|---|
| 原則 | 實際作法 |
| 1. 釐清現況面臨的挑戰與待解決的問題 | 自從 1998 年，英特爾就讓研發人員瞭解，公司的期許是在幾年之後可以發展出全世界速度最快的半導體，但是，公司並不會告訴他們該如何做，讓這個目標促使他們重新思考產品的基本概念與設計方法，選用新的材料來替代過去使用的絕緣體，將研發資源擺在對的方向上。 |
| 2. 用對的人才解決對的問題 | 英特爾讓新注入的研發人員來參與此專案，其中不乏剛從學校畢業的博士，因為，他們比較不會陷入現有產業的框架，較能以嶄新的角度來實驗各種可能性，引發多元的思考解決問題。 |
| 3. 給予研發人員自主權與協助指導 | 研發團隊的日常運作，由團隊主管與研究人員自己全權負責，公司不會干涉太多。公司只有在每季召開一次研發會議，確保他們的研究方向與市場脈動是否有偏差，如果研發人員面對重大瓶頸無法突破時，公司會派遣專家協助指導解決問題。 |
| 4. 打破研發與製造單位的界線 | 英特爾研發團隊的工作地點鄰近製造工廠，鼓勵研發人員試作製造產品的原型，以確保產品的可行性，不至於落入天馬行空不切實際的想法上。 |

# 三 運用外部集體智慧解決問題

## 何謂「集體智慧」？

什麼是集體智慧？集體智慧是指，群體有能力在解決問題方面，共同作出比任何個人甚或專家，都來得明智的決策。經由學術研究的顯示，從一般大眾當中找出一群背景多元的集體群眾，表現一定優於透過某些標準挑選出來的群眾。基於這個原理，而發展出集體智慧的概念，也就是說，一群人合作促成做出的決策，一定會比任何個人都來得高明很多。所以，現代的社群多樣性愈來愈高，創意創新的點子也愈加多元豐富，如能善用群眾的智慧來解決問題，對企業而言，無須僱用整個社會的人才，就能貢獻效力解決問題，何嘗不是為高經濟效益的課題。更何況有不勝枚舉的企業，願意打破公司的邊界，學習如何向外汲取智慧和點子，解決問題的表現勝過只靠內部資源和能力。

集體的智慧或群眾的見解往往勝過個人的聰明才智，即使是英明睿智的企業領導者或執行長這樣的菁英也不例外。只要集合眾人一起發想、共同商討對策，甚至一起執行，通常就能做出比個人更好的決策，找到克服問題的困難點，更有效地解決難題，更準確地預測未來。

## 企業成功運用集體智慧

　　戴爾電腦就曾採取這種集體智慧的作法，推出Idea Storm論壇來發展新的研發模式，也就是說，任何人都可以提出新產品的構想與創意，並且可以票選其他人所提的構想與創意。另外，IBM在2006年也曾經採取類似的作法，透過舉辦「創新腦力激盪」大會，總共蒐集了將近46,000個構想，然後，根據這些構想延伸出10項新事業，也隨之投資了1億美元。

　　P&G前執行長雷富禮（A. G. Lafley）相當致力於推動開放式創新（open innovation），他曾在公司大力宣言：「P&G的新產品與服務，要有50%的創意來自公司之外。」縱然P&G擁有超過9,000名世界級的研發人員，但還是遭遇一個難以解決的問題，也就是，一直無法解決「在成千上萬片洋芋片上印製清晰圖案」的難題。於是，P&G運用全球網路的資訊，對外開放發表面對的難題，並且詳細地列出問題的相關規格和條件，尋求外部資源是否能夠提供有效的創新點子。最後，解決方案卻在一家義大利波隆那的小麵包店找到，因為，當地有位教授發明噴墨法，協助這家麵包店把圖案印在蛋糕餅乾上。因此，P&G買下此重要技術後，解決了「洋芋片上印製清晰圖案」的難題，也因此，不到一年的時間，就推出印有動物圖案的品客洋芋片。

　　從此之後，P&G積極地與網路社群「意諾新」（InnoCentive）合作，向公司外部尋求群眾智慧與創意點子。因為，問題解決平台「意諾新」有來自一百五十國的十四萬名「問

題解決高手」，無論是維修工人、中學物理老師到大公司的研發人員等，都利用空閒時間上網「意諾新」平台，試著挑戰解決問題，贏得 1萬到10萬美元的獎金。也因此，「意諾新」解決了許多大家束手無策的棘手難題，締造了輝煌的成功紀錄，連杜邦、寶鹼和巴斯夫化工集團等企業也不例外，當他們內部研究團隊解決不了的疑難雜症，也會嘗試著張貼在「意諾新」的網站上。

「貼到網站上的問題有將近30%的機率被成功解決，比企業研發單位的解答率，竟然高出30%。」──「意諾新」科學長帕內塔（Jill Panetta）一語道破集體智慧的重要性。曾在1974年獲頒諾貝爾經濟學獎的海耶克也如此主張：「進步不是靠取得新知識，而是匯集和利用現有社會中的知識。」所以，面對頂尖研發人員無法克服的問題，有時候並不需要更突破、更艱深的智慧，只需要交給足夠多樣性的集體智慧就可以了。而且，在2006年*Wired*雜誌編輯郝傑夫（Jeff Howe）也提出群眾外包（crowd-sourcing）的概念，也就是打破企業界線，向外找集體智慧解決問題的道理，如出一轍。

當然，我們不是鼓勵「外行人的群體智慧來做集體決策」。但是，專家的構想有時候狹隘又過度自信，會比一般人更欠缺自我反省，因此，我們找到權宜之計，也就是在解決問題時，若想善用專家的專業構想，最好是把他們的想法或建言，和其他多樣性的群體混在一起，因為群體愈大、構想愈多元化，解決問題的決策思考更趨於完整，有效的判斷也就愈牢靠。所以，只相信於

某一專家所做出的判斷來做決策，那可要有冒風險的心理準備了。

企業解決問題的視野，應該是「研發單位是你的全世界？」，還是「全世界都是你的研發單位？」。很顯然地，企業可以將問題丟給市場或網路平台，然後再觀察有何明智的回應，也就是說，拋出問題的同時，提供優渥的激勵獎金，企業就可以刺激群體智慧踴躍地思考解決的辦法。

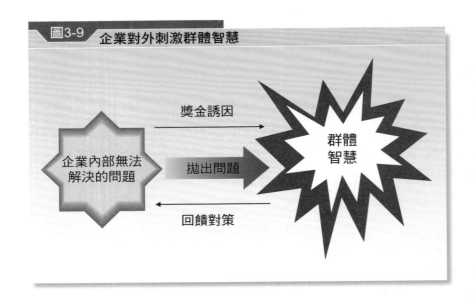

圖3-9 企業對外刺激群體智慧

# 四 改善對策VS.差異化價值

　　針對問題解決的改善對策，必須有清晰的邏輯軌跡可依循，避免為了解決了A問題而使得核心競爭力減分，甚至有的解決了A問題而產生另一個B問題。尤其是解決行銷策略上的問題，首先必須釐清你的定位與價值為何？再來深入探討策略為何？因此，以下三個「提問」如果你仔細的思考討論且完整地回答，問題解決的對策就呼之欲出了。

## Q1：你的主要顧客是誰？

　　市場區隔是以哪一族群為主。

## Q2：提供顧客認知的差異化價值為何？

　　主要的差異化價值是價格、品質、便利、功能、夥伴、品牌或者其他。

## Q3：你的改善對策為何（5P）？

　　產品（Product）、價格（Price）、通路（Place）、促銷（Promotion）、公關（Public Relation）等。

　　也就是說，第一個問題「你的顧客是誰？」是第一大母規則，第二個問題「提供顧客認知的差異化價值為何？」是第二大母規則，再來延伸出第三個問題「你的改善對策為何（5P）？」

的子規則，如果我們解決問題的對策（子規則）與第一大母規則或第二大母規則有所抵觸或衝突時，則很有可能使得核心競爭力減分，甚至會產生另一個問題，終究還是得不償失。

以星巴克咖啡（Starbucks Coffee）為例，說明如下：

## Q1：主要顧客是誰？（第一大母規則）

主要是以上班族為主。

## Q2：提供顧客認知的差異化價值為何？（第二大母規則）

星巴克咖啡提供的差異化價值是營造輕鬆愉悅的喝咖啡環境。為了強化此差異化價值，門市店鋪的裝潢刻意地大量利用落地窗、綠色裝飾物、多元設計感的桌椅、舒適的環境，以及播放著悅耳的音樂，與滿溢的咖啡香氣，讓消費者在享用著厚實馬克杯裝滿好喝的咖啡之外，服務人員提供良好的服務品質，並適時地傳遞專業的咖啡知識，使得消費者沉浸在更甚於咖啡本身的知識洗禮中。另外，牆上掛的畫，店內放的爵士音樂都經由專人設計，不論是在紐約、倫敦、東京、上海或是台北，消費者都能感受到相同的舒適與熟悉，相同的星巴克給人有朝氣、活力，與大都會的現代感。

## Q3：星巴克咖啡的改善對策為何？（子規則）

1. 門市型態：依據不同的商圈主題和特性，推出不同型態的特色門市，使消費者能夠一邊喝咖啡，一邊細細品味門市的特色設計和巧思，以及體會多元的巧思創意與不同的生

活觀點。

2.門市地點：人潮多的商場或商圈，據點設立在百貨公司、捷運站、高鐵站、高速公路休息站等。

3.產品：門市提供高品質的咖啡（內用與外賣桶裝），與咖啡相關的周邊商品。而且，賣的不只是一杯咖啡，而是整體店鋪喝咖啡的形象。

4.價格：中高價位。

5.促銷：隨行卡推出每儲值1,000元於隨行卡內，即可獲得紅利積點一點，會定期更換兌換商品，讓客人有機會品嚐各式新商品，並且可參加抽獎活動。

每月的6日和20日買咖啡打85折；推出熟客券、隨行卡；配合節日舉辦促銷活動，例如中秋節促銷月餅贈送咖啡杯促銷方案等；提供有關咖啡文化介紹，例如咖啡豆選擇、各式咖啡名稱、咖啡調理要訣；提供各式各樣之咖啡沖泡器具及咖啡豆之訂購；提倡環保觀念，自行攜帶杯子即享有10元現金折扣；以及2/14西洋情人節星巴克推出了「買一送一」的超優惠活動。

6.公共關係：從採購咖啡豆的源頭開始，重視與關注減少環境汙染的議題，2008年為止，星巴克已經完成77%的咖啡豆商品都符合道德採購的信念，總採購數量已經到達3億磅的總額。預計在2015年前全部咖啡豆都能完全符合100%保護環境及道德採購原則。

在2004年,透過Make Your Mark的活動,星巴克的夥伴與顧客們一起參與各項志工服務,並投入了超過200,000小時的志工服務時數。而Make Your Mark這個活動對服務志工的服務時數提供對等的捐款金額給指定的非營利公益慈善或社會組織(10美元／每小時服務,最高上限1,000美元／每個活動)。到目前為止,星巴克透過Make Your Mark活動的推廣與執行,一共捐出了超過800,000美元給不同的非營利機構。

在2005年,星巴克受邀參與全球環保中心的年度會議典禮,並受獎「21st Annual Gold Medal for International Corporate Achievement Sustainable Development」(第21屆國際企業持續發展優良表現的金牌獎)。此獎項肯定了星巴克在咖啡相關發展與C.A.F.E.咖啡農公正平衡機制(針對環境、社會與經濟三大項目的咖啡豆審核與採購規範)。透過與Conservation International的合作設計,C.A.F.E.機制提供一套以咖啡品質、環境保育與供應鏈透明化為核心重點的咖啡農共同獲益關係推廣的完整機制。

另外,參與各式社區的志工服務,如上山陪讀、淨灘及移除野生種等活動,以及不定期在各門市舉辦咖啡講座。

由以上可以看得出來,星巴克咖啡所發展的改善對策,完全遵循第二大母規則提供顧客認知的差異化價值,以及第一大母規則的主要目標顧客群。倘若改善對策違背第二大母規則的差異化價值,那將會如何?

有一次星巴克咖啡門市業績下滑時,尋求提升業績的改善對

策，有人提議：

「根據來店人數的統計，在中午與晚上用餐的時段來店人數明顯較少，如果我們增加用餐的服務（如火鍋、套餐等），可以提升店鋪業績，更何況其他咖啡店都有提供用餐的服務。」

乍聽之下相當有道理，而且是我們常聽到的「市場滲透策略」，但仔細的推敲思考，提供了用餐服務雖然可以在短期內創造業績，可是：

星巴克咖啡的定位如何？

門市經營的中長期發展？

煮火鍋的咖啡店還能營造出喝咖啡的氣氛？

滷味、炸雞使得咖啡氣氛走味？

定位是否會走向用餐為主喝咖啡為輔？

用餐是否將稀釋了差異化價值？

很明顯的，改善對策（子規則）已與第二大母規則有所抵觸或衝突，所以聰明的星巴克咖啡至今並未提供正式的用餐服務，只選用三明治、貝果、捲餅、芋鹹派、蛋糕與點心來替代，因為他們深知降低核心競爭力的改善對策，將會稀釋掉顧客認知的差異化價值，對於中長期的發展而言，使得定位模糊不清，將會失去聚焦而得不償失。

改善對策大部分也是多重的對策，所以，在解決探索型的問題時，針對原因總覽圖（魚骨圖法或心智圖法）找出6～8個主要原因，其中，每個原因發展出1～2個對策，常用改善多重對策的

方法為系統圖，如下以一家自行車製造商針對「顧客抱怨」的問題為例：

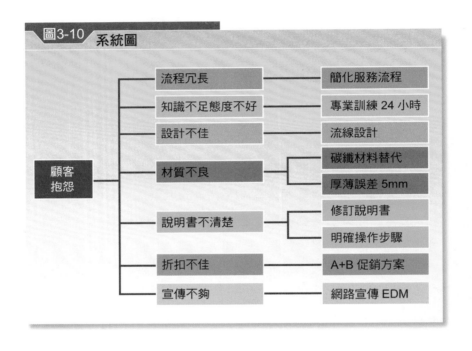

圖3-10 系統圖

當我們列舉出各種解決方案，並非每一項改善對策都要落實執行，畢竟，在有限資源的前提之下，企業必須講究經濟效益，祕訣在於選定每一項改善對策，應以「時效性、可行性、成效性、投資額」等四大關鍵要素來做決策分析，以利選定適當的可行性方案，並且審慎評估付諸執行對策的先後順序。也就是說，對策所花的時間愈少，則效益愈高；可行性（過程）愈高，則效

**圖3-11　團隊成員Workshop製作改善對策的系統圖**

益愈高；成效性（成果）愈高，則效益愈高；投資額（成本）愈低，則效益愈高。

　　因此，我們將這九項對策經由「時效性、可行性、成效性、投資額」等四大關鍵要素來做決策分析，每一項要素透過團隊Workshop評價分數，最高給5分、最低給1分，每一項對策將會有總分相互比較，總分愈高，則經濟效益愈高，最後，排定前4～6項的改善對策，就可以考慮優先實施改善了。如**表3-2**所示。

### 表3-2 決策分析表

| 對策 | 時效性 | 可行性 | 成效性 | 投資額 | 總分 | 優先順序 |
|---|---|---|---|---|---|---|
| | 很高5 高4 中3 低2 很低1 | 很高5 高4 中3 低2 很低1 | 很高5 高4 中3 低2 很低1 | 很高5 高4 中3 低2 很低1 | | |
| 1. 簡化服務流程 | 4 | 5 | 5 | 4 | 18 | 2 |
| 2. 專業訓練 24 小時 | 4 | 5 | 5 | 5 | 19 | 1 |
| 3. 流線設計 | 1 | 2 | 4 | 1 | 8 | 7 |
| 4. 替代材料碳纖 | 2 | 3 | 3 | 2 | 10 | 6 |
| 5. 厚薄誤差 5mm | 2 | 4 | 4 | 2 | 12 | 5 |
| 6. 修訂說明書 | 5 | 5 | 4 | 5 | 19 | 1 |
| 7. 明確操作步驟 | 5 | 5 | 4 | 5 | 19 | 1 |
| 8.A+B 促銷方案 | 3 | 5 | 5 | 2 | 15 | 4 |
| 9. 網路宣傳 EDM | 5 | 4 | 3 | 4 | 16 | 3 |

### 圖3-12 團隊成員共同參與做決策，討論出來的數據會很客觀，而且能達成共識

# 策略性的思考與執行

一、團隊Workshop失敗的原因，除了內文提到的五大主因外，是否還有其他原因造成的，為什麼？

二、團隊解決問題的對策，無法有效落實後續的執行力，原因為何？

三、試舉例一個改善業績的問題，找出主要顧客是誰？提供顧客認知的差異化價值為何？改善對策為何（5P）？

# 4

執行計畫與追蹤

# 一 將問題解決程序寫成書面報告

## 制定問題解決報告書（企劃書）

接下來，在企業中的實務運用上，將問題解決的程序制定成問題解決報告書，其中可參考第1章〈釐清現象與問題〉、第2章〈找出真正的原因〉，以第3章〈制定可行性對策〉的重點內容，制定方式如下：

### ①現狀說明

描述整個問題現況的真正事實，包含人、事、時、地、物等。

### ②問題定義

運用4W2H來描述問題的定義。

### ③現狀分析

可選用1～2個圖表來輔助說明現況，使得對方更清楚報告書的內容，例如：矩陣圖表、查檢表、棒狀圖、柏拉圖、圓形圖、推移圖、雷達圖、帶狀圖等。

### ④原因分析

運用團隊腦力激盪的方式，毫無遺漏地蒐集整個問題的原

因，制定魚骨圖或金字塔圖，用來表達問題原因的全貌。

⑤可能解決對策

　　針對將可控的原因對治可能解決的對策，可選用系統圖或金字塔圖來表達。

⑥決策分析

　　將全部可能的對策經由「時效性、可行性、成效性、投資額」等四大關鍵要素來做評價，制定決策分析表來選定最具有經濟效益的4～6項對策，做為優先考慮執行的可行性方案。

⑦行動計畫

　　最後，將所要執行的行動計畫繪製成甘特圖，如下：

表4-1　甘特圖

| 行動計畫 | 102 年 | | | | | | 主辦 | 協辦 | 預定完成日期 | 追蹤日期 | 實際完成日期 |
|---|---|---|---|---|---|---|---|---|---|---|---|
| | 7 月 | 8 月 | 9 月 | 10 月 | 11 月 | 12 月 | | | | | |
| | | | | | | | | | | | |
| | | | | | | | | | | | |
| | | | | | | | | | | | |
| | | | | | | | | | | | |
| | | | | | | | | | | | |
| | | | | | | | | | | | |
| | | | | | | | | | | | |
| | | | | | | | | | | | |
| | | | | | | | | | | | |
| | | | | | | | | | | | |

## 制定問題解決追蹤單

有些企業在實務運用上，是將問題解決的程序制定成問題解決追蹤單，其中內容與報告書大同小異，只是表達的格式不同而已。

### 表4-2 問題解決追蹤單

| 1. 現狀說明 | 2. 問題定義 |
|---|---|
| 描述整個問題現況的真正事實，包含人、事、時、地、物等。 | 運用 4W2H 來描述問題的定義。 |
| **3. 現狀分析** | **4. 原因分析** |
| 可選用 1 ～ 2 個圖表來輔助說明現況，使得對方更清楚報告書的內容，例如：矩陣圖表、查檢表、棒狀圖、柏拉圖、圓形圖、推移圖、雷達圖、帶狀圖等。 | 運用團隊腦力激盪的方式，毫無遺漏地蒐集整個問題的原因，制定魚骨圖或金字塔圖，用來表達問題原因的全貌。 |
| **5. 可能解決對策** | **6. 決策分析** |
| 針對將可控的原因對治可能解決的對策，可選用系統圖或金字塔圖來表達。 | 將全部可能的對策經由「時效性、可行性、成效性、投資額」等四大關鍵要素來做評價，制定決策分析表來選定最具有經濟效益的 4 ～ 6 項對策，做為優先考慮執行的可行性方案。 |

執行計畫與追蹤

## 7. 行動計畫（甘特圖）

最後，將所要執行的行動計畫繪製成甘特圖，如下：

甘特畫

| 行動計畫 | 102 年 | | | | | | 主辦 | 協辦 | 預定完成日期 | 追蹤日期 | 實際完成日期 |
|---|---|---|---|---|---|---|---|---|---|---|---|
| | 7 月 | 8 月 | 9 月 | 10 月 | 11 月 | 12 月 | | | | | |
| | | | | | | | | | | | |
| | | | | | | | | | | | |
| | | | | | | | | | | | |
| | | | | | | | | | | | |
| | | | | | | | | | | | |
| | | | | | | | | | | | |
| | | | | | | | | | | | |
| | | | | | | | | | | | |
| | | | | | | | | | | | |

# 二 將問題對策進行工作分解

## 何謂「工作分解結構」（WBS）？

　　首先，將每一個問題解決的對策當作一個專案目標，再將此專案目標進行工作分解結構（Work Breakdown Structure, WBS），也就是說，專案目標的各項活動在WBS分解後即能充分的展開與顯示，並表達出專案目標的各單元之間與層次間之相關性。

　　因此，WBS是專案目標的「科層化」（Hierarchical）結構圖形，用以區分專案目標不同層次的工作，一般而言，專案目標分解為總計畫（Total Plan）、任務（Task）、次任務（Subtasks）、工作分項（Work Package）與工作要素（Level of Effort）等層次。同時，每一個工作分項都被指派相關權責的作業人力，且均被賦予預算、預估工時及相關資源的分配。

　　工作分解結構的目的主要是，清楚地認識解決問題的可行性方案，以及確保專案目標分解的正確性，並且分建至最低層的工作，大部分的工作分解結構至多不宜超過七層（美國政府要求合約商提供WBS到第三層）。

　　工作分解結構的目的主要的好處為：

1.編列預算和估算費用。

| 層級 | 科層化 | | | | |
|:---:|---|---|---|---|---|
| 1 | 專案目標<br>Project | | | | |
| 2 | | 總計畫<br>Total Plan | | | |
| 3 | | | 任務<br>Task | | |
| 4 | | | | 次任務<br>Subtasks | |
| 5 | | | | | 工作分類<br>Work<br>Package |
| 6 | | | | | | 工作要素<br>Level of<br>Effort |

表4-3 WBS六大層級

2.規劃工作時程。

3.制定專案目標的規格與說明。

4.方便風險辨識。

5.規劃工作編碼。

6.製作簡報的溝通工具。

## 工作分解結構（WBS）呈現形式

編製WBS名稱兩大步驟：

動詞＋工作內容

WBS的呈現形式主要有兩種：

★形式1：條列清單式（List Format）

範例如下：

1.0 調查汽車市場

  1.1設計調查

    1.1.1設計調查問卷

      1.1.1.1設計初始調查表

      1.1.1.2測試問卷調查表

      1.1.1.3評審確認問卷調查表

  1.2準備調查

    1.2.1準備調查文件

      1.2.1.1準備郵寄資料

      1.2.1.2列印問卷調查表

    1.2.2準備分析軟體

      1.2.2.1開發軟體資料

      1.2.2.2測試軟體資料庫

      1.2.2.3測試終端軟體

  1.3實施調查

    1.3.1收集郵寄問卷

      1.3.1.1回饋郵寄調查表

    1.3.2統計分析資料

      1.3.2.1輸入回饋資料

      1.3.2.2分析回饋結果

1.4結案調查

 1.4.1準備調查報告

  1.4.1.1準備結案報告

★形式2：樹狀結構式（Tree Format）

範例如**圖**4-1：

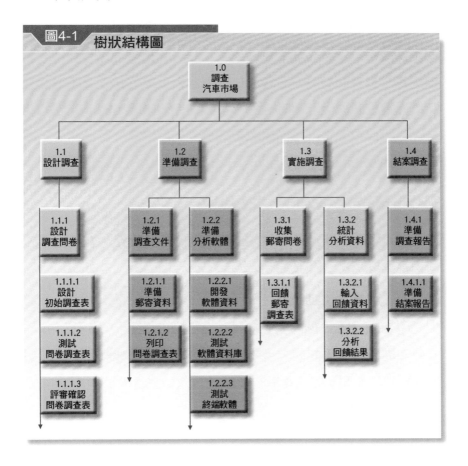

圖4-1　樹狀結構圖

WBS是一種將執行專案目標的工作內容，透過應將從事的工作量大卸八塊的「拆解」手法，以「產出成果」作為拆解的展現方式，就可以讓原本複雜、工作規模大的可行性方案，進行細分為眾多的規模比較小、比較容易管理的工作項目，如能使用以上的樹狀結構式圖表來展現，將會使團隊成員更清楚地瞭解如何進行可行性方案，以及在適當時機檢視階段性的任務。

例如顧問公司協助企業解決問題的訓練方案「舉辦兩天的教育訓練課程」，首先往下展開的第一層，必須要有編制教材、簽到記錄、調查問卷等可展現成果。編制教材部分往下展開第二層可以繼續拆解成設計教具、編寫講義、列印講義；調查問卷的部分，也可以往下展開第二層繼續拆解成設計問卷、發送問卷、回饋問卷等等。

## 工作分解結構（WBS）六大原則

透過WBS的拆解，繁複的工作內容會逐步簡化，在過程中，尚須掌握以下六大原則：

### ★原則1：事先溝通協調

所有的專案目標在進行WBS的計畫和拆解前，寧願多花一些時間與相關利害關係人溝通協調，最好能徵詢他們的同意，如此，總比一拿到專案目標就馬上開工，效益來得大很多。

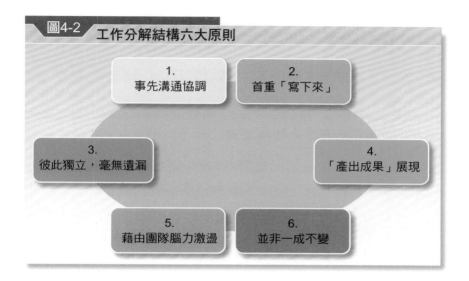

圖4-2 工作分解結構六大原則

1. 事先溝通協調

2. 首重「寫下來」

3. 彼此獨立，毫無遺漏

4. 「產出成果」展現

5. 藉由團隊腦力激盪

6. 並非一成不變

　　進一步地，明訂相關WBS的主辦人員與協辦人員，確認所花的時間、成本、資源，以及所要承擔的風險大小，這樣，解決問題的專案目標反而會進行得更順暢。

★原則2：首重「寫下來」

　　WBS的拆解並沒有規定要用哪一種方式呈現，只要能夠順利將複雜的工作內容轉化成簡單易懂的工作項目即可，呈現的形式並不那麼重要。大部分可掌握「條列清單式」與「樹狀結構式」兩大原則，無論是組織圖、系統圖、魚骨圖、心智圖或金字塔圖等形式都可以。

WBS的拆解首重於「寫下來」，不要在乎寫得是對或錯的，因為，寫下來才有進一步的修正和改善。同時，在「寫下來」的過程中，不見得一定要用專業的軟體工具，即使是只要有一枝筆、一張紙及便利貼，也能完成它。

★原則3：彼此獨立，毫無遺漏

WBS的拆解和麥肯錫MECE（Mutually Exclusive Collectively Exhaustive）的「彼此獨立，毫無遺漏」的原則相符。也就是說，拆解WBS及其工作項目加總起來，一定要能完整涵蓋該專案目標的範圍，而且，每一個WBS的拆解雖然是以可產出成果作為拆解的目的，但每一個可產出成果都是彼此各自獨立的。例如，WBS拆解出來的總工時需要365小時，所有拆解細項的總時數就必須等於365小時。

WBS的拆解應該有幾個層次，這往往跟專案目標的規模大小與複雜度成正相關，通常往下展開不超過六個層次為原則，而且，人們的短期專注力有限，每一層次的拆解項目最好在三至九個範圍內。

★原則4：「產出成果」展現

WBS的拆解要以「產出成果」作為拆解的標的，通常是可以評量或量化的項目，如上文提到訓練課程的範例，WBS拆解時的「可交付成果」就是「編制教材」、「簽到記錄」、「調查問卷」。

一般人在拆解WBS時，直接想到「要做什麼工作項目」，忽略了「要交付哪些成果給顧客」，而造成顧客抱怨。因為，顧客只在乎的是有價值的產品、服務或交付成果，但解決問題的團隊常常陷入自我工作過程的迷思。所以，在進行WBS的拆解時，一定要先想到「可以交付的產出成果」作為WBS拆解的最終呈現方式。

**★原則5：藉由團隊腦力激盪**

如果一時想不出來WBS如何拆解，藉由團隊「腦力激盪」的方式來匯總與歸納，也是一個好方法。團隊成員每人使用6張黏黏貼（或A4的紙撕成6張紙片），把個人認為在專案目標應該做的重要項目全部列出來，再將這些黏黏貼匯總與歸納，這些彙整的工作項目，就可以作為初步拆解的WBS，在討論的過程中，若發現有不足之處，可以酌量增加或刪減。

**★原則6：並非一成不變**

WBS拆解並非一成不變的，有些時候，在初期規劃時對於WBS的內容與項目可能不專精，隨著專案目標執行日期的逐漸逼近，這個內容項目會因特別的需求而進行WBS的變更。

# 三 有效執行對策成功「撇步」

接下來同樣地，將每一個問題解決的對策當作一個專案目標，有效成功執行計畫與檢核，應遵照以下八個「撇步」：

## 撇步一：尋找過去相關成功與失敗的經驗

當我們承接解決問題的專案目標時，首先，自我提問：「我們公司是否曾經做過類似成功的經驗？或失敗的經驗？」因為，如能找出公司曾經做過的成功經驗，就可以快速地模仿或複製類似的經驗，或者酌情修正方法來滿足現況的需求，這樣的做法是最有經濟效益的。當然，公司曾經做過的失敗經驗，也是相當的寶貴，它能讓我們避免重蹈覆轍，所以，大部分的企業非常的重視內部訓練的經驗傳承，以及文件檔案的知識管理。

我在從事人力資源工作時，為了解決「操作員薪資科目過於複雜」的問題，將現有操作員十個薪資科目，精簡成七個薪資科目，前提是——薪資不能增加或減少。在解決此問題時，首先，自我提問：「我們公司是否曾經做過類似成功的經驗？或失敗的經驗？」於是，找遍了全公司資料庫，發現三年前有過失敗的經驗，失敗的主要原因有兩個：第一個原因是，七個事業部的操作員要整合成同樣適用的七個薪資科目，過程相當的困難；第二個

原因是，變更勞動條件需徵得工會同意。所以，此檔案資料對於解決「操作員薪資科目過於複雜」的問題，彌足珍貴，幫助我能精簡、快速地找到關鍵的原因，並且有效地成功解決這個問題。

可是，我們公司沒有類似成功或失敗的經驗，那怎麼辦？可以著手尋求上下游相關廠商成功或失敗的經驗，因為，同產業的經驗比較接近，模仿或複製的成功機率會比較高。

## 撇步二：列舉達成專案目標的困難與障礙

在解決問題的執行過程中，是否曾經有過這樣的經驗：「做到了一半才發現怎麼有這些困難與障礙？早知如此，何必當初？」也就是我們常言的：「千金難買早知道。」在規劃如何執行解決問題的同時，就要預先設想需要具備哪些要素，有可能會發生哪些困難與障礙，相對地，針對每個困難與障礙做有效的預防措施，如此，將會「胸有成竹」、更有信心地邁開步伐解決問題。**表4-4**為專案目標執行與計畫四大要素。

| 表4-4　專案目標執行與計畫四大要素 | |
|---|---|
| **一、解決問題的專案目標描述** | **二、具備哪些要素（條件）** |
| 1/1~6/30 增加業績 20% | 1. 開發新客戶 8 家<br>2. 延續舊客戶營業額 80%<br>3. 提升產品組合價值<br>4. 加強業務代表訓練<br>5. 確保顧客滿意度 88% |
| **三、可能的困難（障礙）** | **四、預防措施** |
| 1. 開發 XX 區域新客戶<br>2. 包裝產品組合的差異化附加價值 | 1. 調配資深業代王大中開發 XX 區域新客戶（每月出差 2 次）<br>2. 1/31 之前與研發、品保部門共同討論出 A 產品組合與 B 產品組合的差異化附加價值<br>3. 2/5 完成業務代表產品組合專業訓練 |

## 撇步三：排定行動計畫與步驟

當我們預先設想可能會發生的困難與障礙，以及規劃好預防措施，就可以進一步地排定行動計畫與步驟。值得注意的是，每一個行動計畫與步驟應該配置主辦與協辦人員，以降低管理風險，因為，如果主辦人員離職或請假，至少還有協辦人員可以維繫工作品質，以確保專案目標的執行進度。倘若是同一部門的成員執行行動計畫與步驟，由老鳥擔當主辦人員，菜鳥擔當協辦人員，也不失是個好方法。

| 表4-5 | 專案目標行動計畫表 | | | | | | | | | | |

| 行動計畫（步驟） | 102 年 | | | | | | 主辦 | 協辦 | 預定完成日期 | 追蹤日期 | 實際完成日期 |
|---|---|---|---|---|---|---|---|---|---|---|---|
| | 1月 | 2月 | 3月 | 4月 | 5月 | 6月 | | | | | |
| 1. 重新包裝產品組合 | ■ | | | | | | 李青仁 | 劉少奇 | 1/31 | 1/15 | |
| 2. 檢討物流過程客訴事件 | ■ | | | | | | 陳建安 | 李青猷 | 1/31 | 1/15 | |
| 3. 實施業務代表專業訓練 | | ▪ | | | | | 劉麗心 | | 2/5 | 1/31 | |
| 4. 協助延續 AA 區域舊客戶 80% | ▬▬▬▬ | | | | | | 陳建安 | | 6/30 | 每月1日 | |
| 5. 協助延續 BB 區域舊客戶 80% | ▬▬▬▬▬▬ | | | | | | 李育瑋 | | 6/30 | 每月1日 | |
| 6. 開發 XX 區域新客戶 5 家 | ▬▬▬▬▬ | | | | | | 王大同 | 江為民 | 6/30 | 每月1日 | |
| 7. 開發 XX 區域新客戶 3 家 | ▬▬▬▬▬▬ | | | | | | 王大同 | 李大中 | 6/30 | 每月1日 | |

## 撇步四：將大專案目標切割成若干小專案目標

美國有一位非常有名的社會科學家馬斯洛（Abraham Maslow），有一次，在美國某縫紉機工廠做了一個實驗：

情境1：新人在接受一週的訓練後，告訴他們十週以後，就能達到示範者的標準，結果到了第十四週，才做到目標的66%。

情境2：另一批新人，除了給予最終的目標之外，又給
了每週的子目標，十四週後，不但達成目標，
更超前原訂的最終目標。

所以，一個大的專案目標必須切割成若干小專案目標，也就是切割成季目標、月目標，甚至規劃到週的行動計畫，這樣將有助於專案目標的達成，尤其是針對菜鳥成員更需要緊密性地追蹤。

## 撇步五：設定完成專案目標階段性檢核點

每一個專案目標都有階段性的里程碑（Milestone），或者設定階段性檢核點（Check Point），如週會議、月會議、季會議等，設定與檢核方式如**表4-6**：

### 表4-6　專案目標階段性檢核表

| 專案目標項目 | 日期 | 檢核方式 | 相關人員 |
|---|---|---|---|
| 1. 完成市場調查報告 | 6/30 | 書面總結 | 陳大為 |
| 1-1. 擬訂市調問卷初稿 | 4/30 | 開會討論 | 郭靖、黃蓉 |
| 1-2. 市調問卷完稿 | 5/7 | 開會討論 | 陳大為、郭靖、黃蓉 |
| 1-3. 確認市調人員6人 | 5/14 | 人員名單 | 無 |
| 1-4. 訪訓市調人員3小時 | 5/21 | 會議室訓練 | 黃蓉 |
| 1-5. 市調問卷完成600份 | 6/11 | 口頭報告 | 陳大為 |
| 1-6. 擬訂市調報告初稿 | 6/18 | 開會討論 | 陳大為、郭靖、黃蓉 |
| 1-7. 完成市調報告 | 6/25 | 書面總結 | 陳大為 |

## 撇步六：和同事及朋友分享專案目標

如能將問題解決的專案目標「想出來」，並且「寫下來」在
筆記本或電腦上，進一步地和同事及朋友分享專案目標，將它「說
出來」，將有助於落實執行專案目標「做出來」，也就是說，想
法、寫法、說法與做法一次通通到位，才會真正的知行合一。

## 撇步七：和同事建立共同專案目標

記得剛進入高中求學時，同學之間互相不認識，彼此相當陌
生，學校剛好舉辦籃球比賽，我與同班同學一起加入球隊練球，
以及參加籃球競賽，不到一個月期間我們建立起革命情感，在高
中三年期間成為最麻吉的夥伴，現在回想起來，為什麼感情會這
麼好？主要原因是當初建立了比賽求勝的「共同目標」。

到了企業工作，與同事建立了共同目標，彼此相互提攜與砥
礪，甚至會提醒對方進行得如何，因為，若有一方沒有做好，大
家會被拖下水，績效將會打折扣。所以，和同事建立共同專案目
標，不僅可以建立人際關係，增進彼此的革命情感外，尚可互相
幫忙，有效執行目標。

## 撇步八：當作有意義且很有趣

根據心理學上的研究，EQ高手的工作內容不論是文書作業、
業務社交、還是研究開發等，在思考解決問題「為何而做」的背
後因素時，總是以「It's a lot of fun！」居多。如能深切領悟「為

樂趣而做,而非為錢而做」(Work for fun, not for money.)的道理,在解決問題中就能感受如魚得水的有趣好玩。

當我們聚焦在「有意義且樂趣」的解決問題時,不但愈做愈有幹勁,工作績效表現愈佳,金錢的回報則自然而然地來敲開幸福大門;如果整天背負著「為錢工作」的沉重十字架,就很容易深陷「無奈」的愁雲慘霧,既賠上心情,又折損了績效,恐怕大筆的金錢也架著翅膀遠走高飛了。

台灣諺語:「人兩腳,錢四腳」,也是說明著一味地追逐金錢的報償,我們只有兩隻腳,自然是追不到金錢四腳的道理;如果我們逆向思考,如同美國名作家馬克吐溫名言:「在工作中獲得的樂趣越大,金錢的報酬也越高」,讓金錢的四腳來追逐我們的兩腳,豈不是容易得多?

經研究證明,與同事和樂融融、享受工作樂趣,將會更有豐富的創造力,工作也會更帶勁,解決問題的成功要素,何嘗不是如此?軟體開發商SAS執行長古德奈特(Jim Goodnight)也這麼認為:「如果員工快樂,讓賣場變得充滿樂趣,顧客也會覺得有趣。」相對地,製造工作樂趣必然會提升員工生產力,並且有效地滿足顧客解決問題。如何從工作中獲得樂趣?關鍵在於「自助助人」,不斷提醒自己完成的工作目標與解決問題,對公司與自己有哪些好處,幫助公司、幫助別人,也是在幫助自己享受工作樂趣。如此將會發現,沒有所謂「通往樂趣的道路」,因為樂趣本身就是通往達成目標的道路。

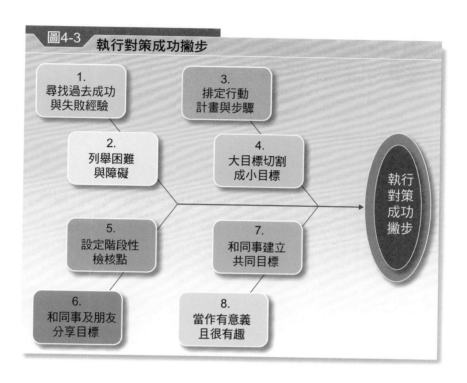

圖4-3　執行對策成功撇步

1.
尋找過去成功
與失敗經驗

2.
列舉困難
與障礙

3.
排定行動
計畫與步驟

4.
大目標切割
成小目標

5.
設定階段性
檢核點

6.
和同事及朋友
分享目標

7.
和同事建立
共同目標

8.
當作有意義
且很有趣

執行
對策
成功
撇步

# 四 抗壓管理專注融入

## 你是不是抗壓高手

「壓力」是現代人在工作中揮之不去的痛苦指數，往往會出現緊張與焦慮，無形中伴隨而來的無精打采、食慾不振、腸胃不佳、呼吸急促、肩頸僵硬、腰痠背痛、噁心反胃、頭昏腦脹、心神不安、徹夜難眠、專注力無法持久等症狀。那麼，我們在解決問題的同時，面對壓力來臨，應該如何接受與紓解，甚至能夠享樂在解決問題，所以，在IQ與EQ都兼備後，如何做好BQ（Body Quality，身體品質）的抗壓管理，應該是我們學習的重要課題。

從企業主、主管到一般員工，都逃離不了解決問題的壓力。作者在企業授課「職能選才」的課程中，發現絕大多數的企業在挑選儲備幹部的條件中，耐操、抗壓、能獨當一面解決問題的能力，已成為遴選錄用的重要指標，有些企業還會安排抗壓測試，以作為擔任未來企業接班人的第一考慮要件。2010年8月，新奇美在遴選一百位海外儲備幹部的過程中，公開揭露需要「抗壓」人才，徵才大會現場來了三千多位社會新鮮人，面試官直截了當的說明，希望這些七年級生未來派駐到捷克、墨西哥和大陸等地，抗壓性要高一點，夠耐操才行。連宏碁、廣達、英業達等科技大廠也不例外，不謀而合的把「抗壓性」列為必備條件。

　　鴻海集團的徵才條件更是趨向「高抗壓」，希望能夠找到「打不走、罵不退」的青年才俊。但2010年富士康員工一再的跳樓輕生，幾乎都是20歲上下的年輕人，有些人認為大陸一胎化的政策下，現代年輕人的抗壓性已大不如前，在面對巨大的工作壓力時，萌生了跳樓念頭，無論輕生的原因為何，「抗壓性」已成為企業主與上班族共同面對的話題。

　　近幾年來，台積電的徵才也特別突顯「抗壓性」的重要，台積電人力資經理魏烈恒說：「台灣學生聰明程度不輸國外，但是抗壓明顯較弱。」台積電的用人除了看一般的IQ（智力商數）、EQ（情緒商數）外，更重視應徵者的AQ（逆境商數），因為在高科技產業必須不斷地追求進步與領先，工作必然會承受很大的壓力，AQ高的人才有較強的忍受挫折及逆境處理能力，也就是說，「抗壓性」高者才能面對變動劇烈的環境，做出適當的決策來解決問題。

　　人人稱羨的科技新貴「IC設計」人才，靠的是專業能力和研發創新來解決問題。畢竟從IC設計完成，到製成光罩做出晶圓的過程，一次花費的成本大約三、四千萬元左右，如果出了半點差錯，很可能幾千萬元就泡湯了。因此，從事IC設計的壓力是非常大的，抗壓能力一定要夠，連續好幾年榮獲新竹科學園區管理局「研發成效獎」的瑞昱半導體，在面試新人時，會刻意詢問應徵者是否有運動的習慣，因為懂得紓解壓力，對科技產業來說非常重要。

不僅高科技業如此重視抗壓性，就連華航董事長魏幸雄也曾公開說，提拔年輕人的考量因素，除了專業能力外，就是「抗壓性」了。只是，從管理實務的角度來看，提高抗壓力並非單從尋找人才來著手，而是應該「改變」本身的習慣做起。無法有效抗壓的原因，除了身心健康狀況，不外乎與缺乏計畫、一心多用、害怕浪費時間、競爭環境等因素相關。首先，檢視一下，是否是個抗壓高手？請直覺的方式在A～E之間勾選，以作為改進的參考（A代表很常常，B代表經常，C代表有時，D代表偶爾，E代表一點也不）。

**表4-7　抗壓測試自我檢視**

| 項目 | 回顧過去行為事件 | A | B | C | D | E |
|---|---|---|---|---|---|---|
| 1 | 無法獨自一人靜坐沉思 | ☐ | ☐ | ☐ | ☐ | ☐ |
| 2 | 事情還沒計畫，就著手行動 | ☐ | ☐ | ☐ | ☐ | ☐ |
| 3 | 試圖同時做兩三件事 | ☐ | ☐ | ☐ | ☐ | ☐ |
| 4 | 覺得時間不夠用 | ☐ | ☐ | ☐ | ☐ | ☐ |
| 5 | 無法容忍久候等待 | ☐ | ☐ | ☐ | ☐ | ☐ |
| 6 | 競爭壓力下，情緒不穩定 | ☐ | ☐ | ☐ | ☐ | ☐ |
| 7 | 即使事情沒那麼急迫，也是匆匆忙忙 | ☐ | ☐ | ☐ | ☐ | ☐ |
| 8 | 對方話未說完之前，就打斷對方說話 | ☐ | ☐ | ☐ | ☐ | ☐ |
| 9 | 很難信任別人的動機 | ☐ | ☐ | ☐ | ☐ | ☐ |
| 10 | 即使躺在床上，也會想著事情 | ☐ | ☐ | ☐ | ☐ | ☐ |

以上十個題目的勾選，E的分數最高、D次之，以次類推A的分數最低。如果你的E與D的項目勾選愈多，代表你是愈接近抗壓高手了。

人生要過得有意義，並且對社會有所貢獻，除了有正當工作可以做，以及幫助他人解決問題外，還必須承受壓力與痛苦。然而，「承受壓力與痛苦」的心境，才是決定成敗的時刻。在此，我們在承受壓力的過程中，將會學習著如何「覺悟」道理、「改變」想法，甚至「修正」行為，助燃了績效成長的動能；相對地，終日輕鬆平淡的過活，風平浪靜的工作，反而造就不出卓越的水手，甚至過慣了養尊處優的日子，滋長了向下沉淪的劣根性。因此，「適當的壓力」是人生成長的良藥，也是工作績效躍進的催化劑。也就是說，壓力往下壓，我們再往下躲，恐怕會被

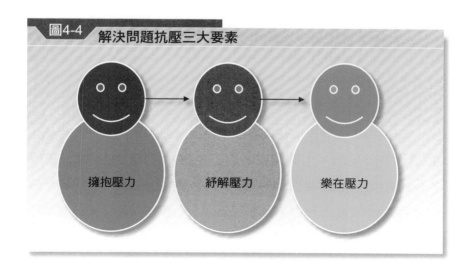

圖4-4　解決問題抗壓三大要素

擁抱壓力　　　　紓解壓力　　　　樂在壓力

淹沒掉的；如果勇於往上頂，壓力終將會被化解的。所以，擁抱壓力、紓解壓力、樂在壓力等三大要素，是解決問題抗壓管理的核心關鍵。

## 專注融入如魚得水

　　除了抗壓管理外，「專注融入」地解決問題也是相當的重要。是否曾經緊盯著時間，期待下班的感覺？或者無所事事？空閒等待？毫無重心？迷惘徬徨？不知所措？問題茫然？在這時候，除了浪費生命外，更感受到內心的空虛與壓力。如能工作上專注於所做的事情，融入於整個過程，忘了時間過了多久，也不知道外面的世界又發生了什麼事，那麼將會發現，原來所有事情中，都可以發現個中樂趣，直到那時，就會從容自在地完成目標解決問題，事情的處理也更有效率，也無意中也改變了工作態度。

　　奇異企業（GE）執行長傑克‧威爾許（Jack Welch），任職期間帶領GE的成長與轉型，並且有效地解決問題是有目共睹，其中關鍵在於各事業領域不是做到第一、第二，不然就退出的主張，讓GE「專注融入」在核心事業發展，為了達到第一的目標，GE退出許多領域，也同時併購很多企業。台灣的標竿企業宏碁（Acer），在資訊科技領域也曾多元化發展，但「多元」與「專注」兩者具有無法避免的衝突，因此，宏碁在解決此世紀變革的問題中，就以「簡化」、「專注」、「前瞻」為主軸，分成三個

次集團試圖克服多元化的挑戰。企業的經營管理，其道理與個人是相通的，畢竟一個人的資源有限，如果想要「樣樣通」，則會陷入「樣樣鬆」的死胡同，正如同「樣樣通，樣樣鬆」的道理，問題的惡化程度也會像滾雪球一樣，越滾越大。

當「專注融入」在解決問題的個中滋味，是一種對事物的賞悅以及自我的享樂，隨著時間的累積，我們的能量也會越來越紮實，自然而然地培養出專業。就如同鋼琴家發自心靈深處真誠的彈奏時，渾然忘了鋼琴本體，忘了自我處境，也忘了樂譜音符，忘了所謂的台下觀眾，這時，「彈奏鋼琴」本身，就是將鋼琴、自我、樂譜、觀眾等「專注融入」在一起，再加上不刻意迎求、享受過程的樂趣，自然能流露出內心共鳴的音樂饗宴。在此時，將會深刻地感受到時間過得很快，解決問題的壓力也就自然消退了。

有一位高科技產業的先進，經常提起如果存夠了一億元，就要準備退休了，住在風光明媚的豪宅，過著閒雲野鶴的生活。果然美夢成真，四十多歲就移民紐西蘭，但僅過了一年，就覺得生活過不下去了，又移民回台尋找事業第二春。大家覺得很納悶，他的願望不是都實現了，為什麼又回來工作？最後才聽說，他自嘲退休後的日子，只能用「三等」公民（等吃、等睡、等死）來形容，反而製造了更多的人生問題。

是否也發現，工作的樂趣不限於達到終點的時刻，而應當是這段遍歷光彩的旅程。一位巨星的快樂，來自演戲過程的橋段與

解決觀眾的煩憂，更勝過於劇終人散的時候；一位名醫要在解決患者的病痛中得到快樂，不只在病人康復的那一天；也正如待產的孕婦，她的快樂不只是嬰兒誕生而已，同樣地要來自十月懷胎中「過程」的喜悅。

　　無論是資深員工或是剛進職場的新鮮人，有的認為「解決問題樂在工作」似乎不太可能，甚至有的認為根本不需要「解決問題樂在工作」，因為工作無非是為了賺錢，有何樂趣可言？殊不知物質報償只是工作回饋的副產品而已，如果沒有實踐挑戰的為顧客解決問題，談何對公司與社會的價值貢獻，以及享受到自我實現與成長的滿足，更遑論工作中帶來最彌足珍貴的淬鍊。揮灑工作才能所換得的，絕對不只是一張漂亮的退休成績單，它一定能夠在調和智慧增長、拓展人生福田之餘，看到更燦爛的職涯風景。

　　是否已深刻體會出，「專注融入」本身，其實就是「正面態度」與「樂趣好玩」的根源所在，也似乎感覺不到壓力的存在了。

# 策略性的思考與執行

一、試舉例一個改善KPI的問題，制定成問題解決報告書？

二、試舉例一個專案目標，寫下表4-4專案目標執行與計畫四大要素？

三、試舉例曾經在解決問題的過程中，運用哪些成功的方法紓解壓力？

進階分析與解決

# 一 啟動全腦革命

## 左右腦是飆速高手

您知道嗎？我們的全腦（左腦和右腦）的腦細胞有多少？功能有多強大？答案是，全腦有2,000億個腦細胞，擁有超過100兆的交錯線路，可以儲存超過1,000億個訊息，訊息的發送速度每小時超過150公里，平均每24小時產生4,000種思想，是世界上最精密、最靈敏的器官。

但令人遺憾的是，縱然擁有功能強大的全腦，除了少數的天才外，絕大部分的人類也僅能展現80～120的智商，關鍵在於，我們的全腦有高達百分之九十以上尚未開發使用，正如美國科學家戴爾‧歐布萊恩所言：「地球上未開發比例最高的地區，就是介於我們兩隻耳朵中間的方寸之地。」

左腦是理性腦，著重在企業管理的「科學」，處理冷靜思考的事務導向，支配著分析性的邏輯力，閱讀與書寫文字，以及表達自己語言與思想，並且能夠熟練地進行數學的分析、歸類與計算等。是一種凝聚性的縱向思考，經常運用在因果相關的「演繹法」，以及化繁為簡的「歸納法」。

右腦是感性腦，著重在企業管理的「藝術」，處理熱情奔放的人際導向，支配著創造性的想像力，表象、形象、發散與直覺

的傳遞,以及形象記憶、空間感、幾何圖形、夢想、音樂與情感的抒發等。是一種開展性的橫向思考,經常運用在相關經驗的「聯想」,以及另類構想的「跳躍」。

| 表5-1 左右腦的思考分類 | | |
|---|---|---|
| | 左腦 | 右腦 |
| 1. 性質 | 理性 | 感性 |
| 2. 管理 | 科學 | 藝術 |
| 3. 模式 | 事務導向(冷靜) | 人際導向(熱情) |
| 4. 作用 | 分析性的邏輯力 | 創造性的想像力 |
| 5. 功能 | 處理邏輯思考、搜尋事證、分析辯證,主管著人類的閱讀、書寫、計算、分類等 | 處理表象、形象、發散、直覺的思考,主管著形象記憶、空間感、幾何圖形、夢想、音樂及情感等 |
| 6. 邏輯 | 凝聚性的縱向思考<br>(演繹、歸納) | 開展性的橫向思考<br>(聯想、跳躍) |

## 左右腦的 1 + 1 大於5以上

榮獲諾貝爾獎的羅傑‧斯佩里(Roger W. Sperry)博士,是一位著名的美國腦生理學家,他曾和他的學生一起進行具有歷史意義的「裂腦實驗」。在這些實驗結果發現,左右腦的機能是協同發展的,互補的,各司其職,又相互配合,兩者相輔相成產生加乘效果。彼此之間有兩億條排列得很規則的神經纖維,每一秒

至少可以往返傳輸四十億個神經衝動，共同完成思維活動。

很可惜的是，我們從小到大的教育，諸如：死背課文、聽從命令、理論教條、古板正經、色彩單調以及過度的說文解字等，都是過分的強調使用左腦，而扼殺了右腦的開發與使用。但相反地，美國哈佛大學的「右腦」開發研究教學計畫，迄今為止，已經培育養成6位美國總統、33位諾貝爾獎得主、32位普利茲獎得主，以及眾多企業領袖和高官名流。於是，右腦開發之風暴吹向了歐洲，國際腦研究組織（IBRO）和許多國家學術機構也先後呼應，展開了「歐洲腦的十年計畫」，也印證了前美國總統柯林頓推廣右腦開發時所講的那句話：「全球應該刮起一場右腦風

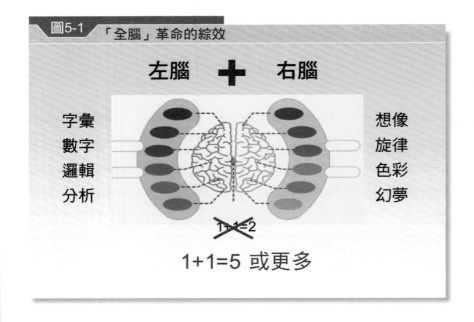

圖5-1 「全腦」革命的綜效

暴。」因此，只要積極開發右腦，啟動「全腦」革命，平衡發展左右腦的功能，對於增進問題分析與解決的能力，不只是1＋1＝2而已，甚至是1＋1＞5以上的綜效。

## 翻滾吧！右腦

擅長只用左腦思考的我們，解決問題的競爭力是否還一直身陷在「為人作嫁」的宿命？只能仰視著愛因斯坦、牛頓、達文西、杜拉克、賈伯斯之右腦健全發展，而望之興嘆？不！值得華人驕傲的是，華碩平板電腦的「變形金剛」系列，是唯一在非蘋陣營中能與iPad一較高下，關鍵歸功於，華碩電腦董事長施崇棠致力於推動「全腦思考突破傳統框架、造就轉動世界的關鍵Ideas」，運用代表設計師同理心、觀察力及敏感度的「右腦」思維，並配合象徵工程師講求數據、分析辯證、技術深耕的「左腦」思考，使得左右腦的功能相輔相成，進而達到融會貫通，發揮全腦的綜效，將天馬行空的創意想法轉化成具體執行的作法。是否應該開啟沉睡已久的「右腦」，找回天性的本能，粉墨登場的時候也該到了，翻滾吧！

更值得一提的是，美國普渡大學（Purdue University）的研究中證實，適當的運動將有助於活絡全腦與智力發展；然而，麻州綜合醫院（Massachusetts General Hospital）的研究報告也說明，運動能使腦部釋放出 $\beta$ 腦啡，有助於抵抗壓力，以及產生快樂元素，促進身心良好發展。

| 表5-2 | 活絡右腦的具體作法 |
|---|---|
| | 具體作法 |
| 食 | *多喝純天然飲料，少喝碳酸飲料；吃點甜點（巧克力、糖果）會促進大腦進入 α 波狀態，保持快樂好心情泡一壺茶、來一杯咖啡、吃個養生美食 |
| 衣 | *應穿寬鬆舒適的衣物，勿穿太緊；應穿輕薄的衣物，避免厚重；穿些色彩鮮豔的衣物 |
| 住 | *點些天然芳香精油或一根檀香<br>*在室內或陽台種些盆栽，親自鬆土與澆水<br>*在室內牆上掛些顏色豐富的藝術畫（尤其是抽象畫或印象畫）<br>*儘量早睡早起（晚上十一點入睡），睡前進行幻想，編織美夢入睡 |
| 行 | *下班後可走不同的路線回家<br>*去同一個地方，偶爾換換不同交通工具 |
| 育 | *多加使用被右腦控制的左手（拿東西、刷牙、打字、拍打等）<br>*多陪陪小孩子玩遊戲<br>*向嬰兒學習好奇心<br>*迅速轉動眼睛，順時針方向後再逆時針轉動<br>*轉動左右手，一手向前轉，另一手向後轉<br>*樂觀看待身邊的一切人事物<br>*想像著知足、放鬆、愉快或幸福的情境（冥想、打坐） |
| 樂 | *聽聽音樂（輕音樂、交響樂、佛樂、聖歌等心靈音樂）<br>*到美術館接觸藝術品<br>*到 KTV 大聲地歡唱<br>*多講冷笑話<br>*在家聽著音樂隨意跳舞<br>*試著看看喜劇的電視或電影，盡可能地大笑幾聲<br>*暫停所有思考，親近大自然，看看湛藍天空、綠色大地<br>*沖個熱水澡<br>* SPA 水療法（三溫暖、藥浴等）、全身按摩 |

運動能活絡血液循環外，左右腦的細胞也得到更多氧氣和新陳代謝，右腦的運作也跟著靈活起來，持續專注學習的效果就會提高。同時，免疫力也會大為增強，發生疾病的機率下降，因此，養成適當的運動習慣，或者睡前做些紓壓活動，皆有助於提升工作效率，以及活絡左右腦細胞。

　　工作愈忙愈是要運動，最好能夠保持「333運動」法則，每週運動3次，每次30分鐘（能出汗最好），每分鐘心跳能達130下，可以選擇自己喜歡的運動開始做起，才能持之以恆。但要注意的是，選錯了運動方式，或過於劇烈，是一種「緊繃」，也是一種「耗損」，反而造成體力透支或運動傷害；如能選對運動方式，是一種「放鬆」，也是一種「養生」，較能養精蓄銳，可長可久。筆者十幾年來一直保持著游泳、打太極拳、打坐的運動方式，不僅能夠紓解壓力，更能運用活躍的思緒來解決問題，以及引發課程設計與書籍寫作的創新靈感。

## 全腦出帆走出藍海

　　如能善加運用左右腦的綜效，將有助於發揮創新的競爭優勢，在《藍海策略》這本書中，研究了百年來30家企業的150個策略個案，發現割喉式的削價競爭，只會造成一片紅海，因為只能靠「以量制價」來獲取利潤，也就是慣用的「薄利多銷」策略；但相反地，真正高獲利的藍海企業，卻能創造出屬於自己市場的蔚藍大海，澈底擺脫其他競爭對手，另闢蹊徑，開創沒有競

爭的新市場。其中,藍海策略的思維模式特別兼具「消去」(左腦功能)與「創造」(右腦功能),顛覆了低成本與差異化無法同時成立的舊有迷思,可以說是同步實現左腦與右腦綜效的最高層次,這種既簡約又讓人驚豔的展現,在我們熟悉的iPhone與iPad身上發揮得淋漓盡致。

啟動全腦革命的成功企業在太陽馬戲團(CIRQUE DU SOLEIL)也可見一斑,它成立於1984年,共約1,500名成員來自於全球21國,在全球巡迴演超過120個城市,保守估計已有1,800萬名的觀眾欣賞過精彩的表演,但為了解決「馬戲團」產業低迷衰退的問題,太陽馬戲團體認出未來出路的唯一選擇,就是要澈底甩開同行競爭,吸引全新的客戶群。

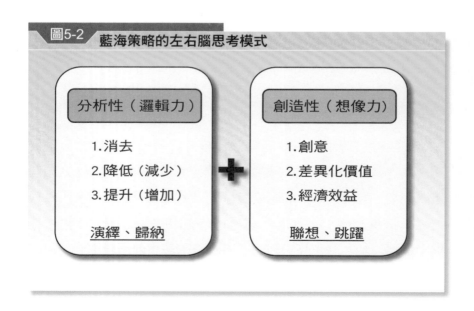

圖5-2 藍海策略的左右腦思考模式

分析性(邏輯力)
1.消去
2.降低(減少)
3.提升(增加)
演繹、歸納

創造性(想像力)
1.創意
2.差異化價值
3.經濟效益
聯想、跳躍

太陽馬戲團啟動了左腦革命,「消去」傳統馬戲團的動物表演,以及中場休息的小販叫賣活動;「減少」特技表演帶給觀眾的驚險刺激;「提升」票房價格與營業收入。

| 表5-3 太陽馬戲團的全腦革命 | |
| --- | --- |
| 左腦功能 | 右腦功能 |
| 1. 消去:傳統動物表演、中場休息的小販叫賣活動。<br>2. 減少:特技表演的驚險刺激。<br>3. 提升:票價與營收。 | 1. 創意:招募運動員、藝術家。<br>2. 差異化價值:驚奇歡呼、感官新體驗。<br>3. 經濟效益:創造高利潤。 |

同時也啟動了右腦革命,「創意」出在「馬戲團」產業從來沒重用過的運動員與藝術家,運用一批體操、游泳和跳水運動員來超越人類體能極限,演出帶給觀眾各式各樣的驚奇藝術家;「差異化價值」在於炫麗的服飾、繽紛的燈光、震撼的音樂,融合了歌舞節目的劇情,博得觀眾驚奇的歡呼聲,享受感官的新體驗;「經濟效益」展現在創造了高利潤。也因此,許多團體與觀眾都成了忠實的太陽粉絲,使得太陽馬戲團脫胎換骨,跳脫傳統的桎梏,走上了藍海的康莊大道。

## 二 除了負責，更要當責

### 擁抱問題者永遠是贏家

　　把解決問題的承擔責任，視為一種成長的動力，接受它、處理它、解決它，最後會放下它，享受它所帶來的張力，真正問題與壓力的來臨，首先必須看重自己、擁抱壓力、勇於承擔。如果剛開始想要逃避它，問題反而會像滾雪球一樣，越滾越大，甚至到最後無法收拾。

　　美國總統杜魯門的座右銘是「The Buck Stops Here！」，指的是「推卸責任，到此為止」。別人可以推卸責任，或相互推諉，但是解決問題的責任到他身上，必須全然概括承受所有的成敗。並非只有最高首長或企業主說這句話，在一個當責（Accountability）企業運作的組織中，每位成員應克盡職責成為當責者，一起大聲說出：「The Buck Stops Here！」

　　「打太極拳」、「推卸責任」、「互踢皮球」、「尋找替死鬼」這幾齣小丑跳梁老戲碼，在無數的工作場合裡時常上演，尤其是績效不彰的老鳥，更懂得抓住時機搏命演出，主要原因是眼光短視地趨吉避凶、毫無自信地保護主義。無可厚非地，推卸責任、逃避問題，是人之常情，但殊不知已逐漸走入向下沉淪的枉死城。關於這點，筆者引用當責的「同心圓」模式：

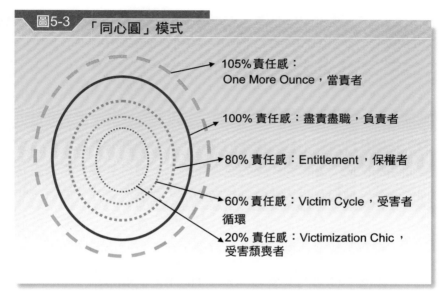

圖5-3 「同心圓」模式

105%責任感：
One More Ounce，當責者

100% 責任感：盡責盡職，負責者

80% 責任感：Entitlement，保權者

60% 責任感：Victim Cycle，受害者
循環

20% 責任感：Victimization Chic，
受害頹喪者

資料來源：張文隆（2011）。《當責》（*Accountability*）。台北市：商周。

　　提出責任感的內縮與外擴程度的看法，以下是《當責》這本書提出的數學公式說明：

105%責任感：當責者$1.05 \times 1.05 \times 1.05 \times 1.05 \times 1.05 \times 1.05 \times \cdots\cdots \rightarrow \infty$

100%責任感：負責者$1.0 \times 1.0 \times 1.0 \times 1.0 \times 1.0 \times 1.0 \times 1.0 \times \cdots\cdots = 1.0$

80%責任感：保權主義者：$0.8 \times 0.8 \times 0.8 \times 0.8 \times 0.8 \times 0.8 \times \cdots\cdots \rightarrow 0$

60%責任感：受害者循環：$0.6 \times 0.6 \times 0.6 \times 0.6 \times 0.6 \times 0.6 \times \cdots\cdots \rightarrow 0$

20%責任感：受害頹喪者：$0.2 \times 0.2 \times 0.2 \times 0.2 \times 0.2 \times 0.2 \times \cdots\cdots \rightarrow 0$

由受害者轉當責者：$0.6 \times 0.6 \times 1.05 \times 1.05 \times 1.05 \times 1.05 \times \cdots\cdots \rightarrow \infty$

由這個公式中可以看出，105%責任感的當責者在累積每一件事的成果，多出0.05的擁抱問題與承擔責任，將來會變成無限的可能性；然而，100%責任感的負責者，在累積每一件事的成果，仍然有100%的責任感；可是，80%責任感的保權主義者，沿襲前例地自我保護，自認為不出錯即可；60%責任感的受害者循環，對人性關懷的冷視、他人犯錯的責難、應有責任的推拖，以及現實問題的閃躲；20%責任感的受害頹喪者，對於受害者循環視為理所當然，博取社會大眾的同情與施捨，自棄於責任、義務與問題之外。所以，無論是80%、60%或20%的責任感，這種的價值認知、特質、態度乃至於轉換成行動，在工作職場的道路上，一直都是貶值減分，最後終將向下沉淪歸零，差別只在於「時間」的早晚而已。在人生的旅程中，要成為多加5%、10%「擁抱問題」的當責達人？還是陷入減少5%、10%「逃避問題」的受害者循環？全由你的「心念」與「行動」來決定。

　　筆者認識一位工作經歷近二十年的朋友，即使他擁有知名國立大學商管碩士學位，但職場旅程一路坎坷不順，至今仍然無法升遷，探究其工作心態與行為，經常發現抱怨主管、忌妒同事外，承接工作問題能閃則閃、能躲則躲，尤其偏愛挑選輕鬆的、無壓力的項目，甚至與一群自認「被剝削」的受害者，彼此互吐苦水，張揚他們的委屈來博取同情，期許能夠獲得公司的施捨，身陷在「逃避問題」的受害者循環而不知。然而，縱然擁有高學歷的光環，但欠缺「擁抱問題、承擔責任」的職能，就像稻草人

一樣，只能短暫嚇跑幾隻麻雀而已，遲早會被看穿「有身軀無靈魂」的真相。

除此之外，吃大餐暴飲暴食、用力猛捶出氣包、突然猛力一踩路上空罐、不停地轉動手中的筆桿、碎碎念地喃喃自語、三五好友相互吐苦水（倒垃圾）等行為，來抒發解決問題的壓力，反而是適得其反。這些都是潛意識地發洩情緒而已，負面的思維帶來的是「受害者循環」。

是否你也發現，解決問題的關鍵在於「決心」與「方法」，一般而言，成功的人是擁抱問題、承擔責任，下定了強烈的決心，找到了正確的方法與步驟；失敗的人是逃避問題、推卸責任，從不下定決心，而且還找了一些藉口來慰藉自己。

看似溫文儒雅的華碩董事長施崇棠，曾在華碩全球策略會議上，與高階主管分享「三個小和尚」的故事。說明著三個和尚選擇三條路來進行，第一條路為「易得門」，縱使路上輕鬆安逸，但時常發現此路不通，最後還得繞道通行；另一為「猶豫不決」，在遲疑、徬徨的退縮心理下，也是無法達到目的地；第三為「難得門」，一路上雖然滿布荊棘的問題與困難，但最後所得最多、成果也最豐。施董選擇「難得門」的樂在解決問題，帶領華碩從「資訊產業中的黑手」成為「世界知名主機板品牌」，並且二次蛻變邁向「精采創新、完美品質；巨獅風範、登峰造極」，在非蘋陣營中佔有領先地位，就是最為成功的案例。

選擇「難得門」的樂在解決問題之餘，引發工作喜悅的關鍵

究竟何在？公司前景？公司文化？薪資福利？主管？同事？或是工作環境？事實上真正的關鍵在於「自己」。因為，我們深刻的體認出，風平浪靜造就不出卓越的水手，適當的狂風暴雨才能鍛鍊出解決問題的高手。

## 「ARCI」（阿喜法則）權責分工

在「擁抱問題」的前提下，每項工作是否都必須承接來做，才叫做承擔責任？還是權責分工、各司其職？在實務運作的經驗中，「ARCI」（阿喜法則）的工具運用，就顯得相當重要，它可以用來釐清角色與責任（Role and Responsibility），至今被廣泛地運用於美國專案管理師協會（PMI）與英國資訊協會（ITIL），及無數大小公司（含杜邦、微軟）解決專案問題的有效工具，主要是在克服企業內部的「本位主義」、「權責不清」的困擾，「ARCI」分成四個角色與責任，如下：

★A：Accountable（當責者）

每一個任務或專案只能有一個A，負起整個任務或專案的最終成敗，沒有藉口或推諉，但可承認失敗。

★R：Responsible（負責者）

每一個任務或專案由A來決定分工程度，R是負責分工後的推動與執行者，是個「doer」，通常是專業者。

★C：Consulted（被諮詢者）

　　A或R在決策或行動之前必須諮詢者，通常是主管、資深或顧問人員。

★I：Informed（被告知者）

　　A在決策定案或執行完成後必須通告的對象，通常是上下游或平行相關工作者。

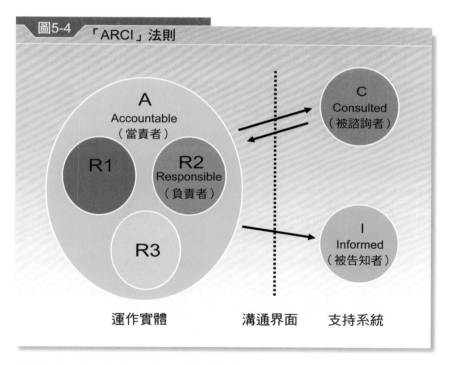

圖5-4　「ARCI」法則

資料來源：張文隆（2006）。《當責》（*Accountability*）。台北市：商周。

左邊的A與R是實際上推動任務或專案的執行者，分別擁抱問題、承擔責任。同時，透過中間的溝通界面（E-mail、電話、訪談），尋求右邊的支持系統，向C諮詢寶貴的資訊或經驗，在決策定案或執行完成後再告知I。

記得2002年筆者在企業從事人力資源工作，解決公司人力過剩的問題，推動「優惠退休」專案的過程中，筆者的角色與責任為A，負責優惠退休辦法的擬定，與各事業部主管溝通協調，其中各事業部長與部室經理為R，必須與直屬部門成員宣導政策，以及勸說成員優惠退休，資深副總則為C是我們諮詢的角色，最後確認優惠退休成員的相關資料，告知會計單位I，以利退休金的核算與發給。

回想當初接到解決人力過剩的問題時，深感龐大的壓力，以及相當沉重的責任，但完成任務後，自覺在實務歷練上增長了不少，也就是說，當我們在擁抱問題、承擔責任的情境下，全力以赴地完成任務，才會深刻的體驗出「不經一事，不長一智」。

在企業授課「ARCI」法則的經驗中，發現學員的內心也有類似相同的感觸：「我在解決問題執行專案的同時，也經常這樣想著，只是沒有思考得這麼透澈，結構上的分析沒那麼精準，導致權責的劃分也沒那麼堅持了。」於是，提供了**表2-3**給學員使用，使得每一項目標（任務），能夠快速地釐清ARCI四個角色與責任。

## 表5-4　「ARCI」成員劃分表

| 目標 ＼ 參與人員 | 1 | 2 | 3 | 4 | 5 | 6 |
|---|---|---|---|---|---|---|
| 一 | R | | A | | C | I |
| 二 | A | R | | C | I | C |
| 三 | I | | | C | R | A |
| 四 | C | | A | I | R | |
| 五 | R | I | A | C | | |

**三 贏在克服內在心魔**

## 格局決定結局

　　我們不斷地在尋求「什麼是成功？」「什麼時候能成功？」「我算不算是成功人士？」自認為不算成功的主要原因，歸咎於誤用財富或物質來定義成功與否，而漠視了有意義的人生或工作目標。如果從人性的潛能可以無限地延伸來探索，成功的定義是指「逐步踏實地完成有意義的工作目標」。無論是企業主、主管或一般員工，只要階段性如期完成工作目標，皆可算是成功，因為工作目標的達成多少，也象徵著績效有多少。

　　很多人找不到成功，問題出在於，喜歡與別人做「比較」，比較兄弟姐妹、同學、朋友等，接觸的人愈多，比較的愈多，「計較」的也愈多，生命反而更沮喪，這樣的與他人互相比較，合理？公平？唯一能比較的是「與自己做比較」，現在的自己是否比過去更好，未來的你是否能比現在更好，人生的道路上何嘗不是在與自己賽跑，只要一天進步一點，一年就能進步365點，當設定好明確、挑戰、可達成的工作目標，盡情地發揮潛能，按部就班地築夢踏實。

### 「我的貢獻（價值）是什麼？」

　　生命中對社會的貢獻（價值），唯有從事工作，才有產能。

接下來會繼續思考：

「工作目標為何？」

「為什麼要這樣做？是否有更好的方式？」

「今天的我是否比昨天更進步？」

「用什麼心情和態度來解決問題？」

以上這幾段話是筆者在「問題分析與解決」的課堂上，經常對學員提到的「態度決定高度、思路決定出路、格局決定結局」的關鍵提問。

「態度、思路、格局」淋漓盡致地展現在Google兩位創辦人的問題解決與高度成長的企圖心。Google的命名一字，取源於googol，意即10的100次方，是個龐大的天文數字，代表著開發網上無止盡資料的雄心壯志，同時，也宣示著Google的漫遊器軟體，能夠組織處理浩瀚無涯的資訊數量，進而有效展開令人敬佩的創新模式。也就是說，一開始的「態度、思路、格局」，也決定了未來可能的「高度、出路、結局」。

## 信心天使戰勝恐懼魔鬼

在解決問題的過程中，當你出現多一點正面的思考，內心的天使將會出現；當你出現多一點負面的思考，內心的魔鬼也隨之而來。我們的人生與職場，何嘗不是在「信心」與「恐懼」之間

的掙扎，也就是，當你信心愈大時，恐懼就會愈小；恐懼愈大時，信心則會愈小。你的事業成就，完全取決於「信心」的天使能否戰勝「恐懼」的魔鬼，如何左右你內心的信心與恐懼？

你認為這個問題的解決「我一定成功」，那就對了！你也可以認為這個問題「我辦不到」，也不能說是錯的。因為，很簡單的邏輯：「心中自認為怎樣的人，將會展現出那個樣子。」當你還在懷疑是否會成功時，深呼吸一口氣靜下心來，回顧過去的成功經驗，以及深信未來成功的景象，此時，「信心」的天使將會戰勝「恐懼」的魔鬼，無形的「內心問題」也隨之煙消雲散了。

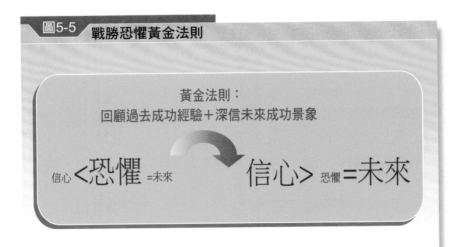

圖5-5 戰勝恐懼黃金法則

黃金法則：
回顧過去成功經驗＋深信未來成功景象

信心<恐懼 =未來　　　信心>恐懼 =未來

蘋果公司CEO賈伯斯擁有數以千計的員工,而且都是他的忠實熱忱信徒,在決問題的過程中,從來不說:「我們做不到。」而會說:「我們還不確定要怎麼做到,但一定會想出對策。」賈伯斯從創業之初,就與他的團隊培養出「信心天使戰勝恐懼魔鬼」的心態,訂定崇高的目標,克服困難、解決問題,締造出突破性的創新。

## 沒有EQ談何IQ

先處理好心情,再來處理問題;如果心情不處理好,問題演變成反效果,可真的是得不償失了!在工作職場上難免會受到他人的誤解或扭曲,已經是不舒服的事,如果自己再生氣,只是拿別人的過錯來懲罰自己,猶如受到二度傷害,是雙倍的不划算。別人罵我,如果罵得有道理,就是罵得應該,值得自我檢討改進;如果罵得沒道理,是別人沒道理,並不是自己沒道理,自己又何必生氣?

在工作上的問題處理可分為「直接控制」、「間接控制」、「不可控制」等三大部分。直接控制的問題,可以透過個人的努力直接去改變它、改善它;間接控制的問題,可以發揮個人的魅力來影響它、協助它;至於不可控制的問題,不在於自己可以改變或影響的範圍內,已經發生的既成事實,只能適應它、接納它。如能在問題發生的開始即做出正確的區隔,找到正確的對應方式,情緒與壓力就能減輕。

圖5-6　處理問題三分法

問題
發生

1.「直接控制」的問題：改變它、改善它。

2.「間接控制」的問題：影響它、協助它。

3.「不可控制」的問題：適應它、接納它。

　　如果無法處理自我內心「直接控制」的情緒，在解決問題的過程中，是否又增添了一些風險？不過，或許可以嘗試做些調整，比如：

　　⊙雖然不能左右天氣，但你可以調整心情

　　⊙雖然不能改變容貌，但你可以展現笑容

　　⊙雖然不能逃避現實，但你可以勇敢面對

　　⊙雖然不能樣樣如意，但你可以事事盡力

　　⊙雖然不能預知明天，但你可以把握今天

　　⊙雖然不能改變別人，但你可以改變自己

　　內心的問題完全存在於你自己的「轉念」，任誰也無法決定你的選擇。

## 轉念是一輩子的修鍊

筆者深刻的體認，在解決問題上能夠擊退心魔、克服困難，其背後有一種重要的推動力量，那就是正面思考，當負面來臨時，便也失去了動力，完成績效目標的時間性也會有所遞延了。那如何引發正面思考？關鍵在於「轉念」，最有效的方法是「觀功念恩」。

什麼是「觀功念恩」？

> 觀功：觀想別人對自己有何功德
> 念恩：感念別人對自己有何恩情

當我們遇上問題或挫折時，往往會抱怨別人的囉哩囉嗦、怪罪別人的時間遞延，或者責難別人的粗心大意等，凡事檢討別人，而不檢討自己，這樣繼續下去，吸引了更多的負面情緒與能量，將對身心有所傷害，人際關係的衝突更大、問題也更多，甚至自我特質傾向孤僻、自閉，到處惹人嫌，解決問題的過程中身陷滿布荊棘。

如能轉念「觀功念恩」，觀想與感念企業主創業如此艱辛，讓我有份安定工作，揮別失業的困境，那麼也不會再抱怨企業主了；觀想與感念主管教導如何解決問題完成任務，讓我歷練成長，那麼也不會再怪罪主管了；觀想與感念同事分享經驗與樂趣，讓我汲取專業不再枯燥乏味，那麼也不會再責難同事了。然

而，轉念負面為正面的同時，將會發現寬闊的心胸，擴展了生命格局，較能看清問題的真相，找出解決方法，不再鑽牛角尖，學習機會多、成長快，受歡迎、易受提拔。

是否也進一步地深刻領悟出，周遭企業主、主管、同事、供應商與顧客等，皆與我息息相關，在工作上得之於人者多，出之於己者少，如果沒有他們，將如何成就現在的我？是不是更應懂得珍惜與感恩？如能揮別「觀過念怨」與「觀光念閒」的消極、沮喪、緊張、責罵、冷酷、打斷與自私，轉換成「觀功念恩」的積極、樂觀、自在、鼓勵、溫暖、傾聽與分享，多要求自己一點、少苛求別人一點，終將會發現，成就的格局也將從「雞蛋裡挑骨頭」轉換成「沙堆裡撿金粉」，問題的「威脅」也隨之轉換成「機會」。

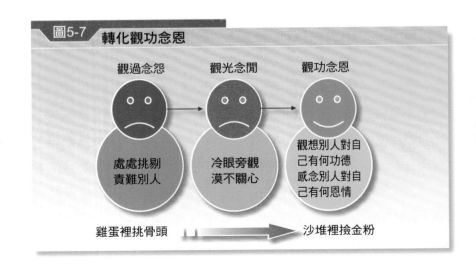

圖5-7　轉化觀功念恩

觀過念怨　　　觀光念閒　　　觀功念恩

處處挑剔
責難別人

冷眼旁觀
漠不關心

觀想別人對自己有何功德
感念別人對自己有何恩情

雞蛋裡挑骨頭　　　　　　沙堆裡撿金粉

# 四 正面能量來自願景

願景是一種企業實踐的力量，主要的意義為企業願力追求達到可靠的、清晰的、具吸引力的未來景象（境界），它代表所有目標努力的方向，能使組織更成功、更美好。願景包括組織長期的規劃與未來發展的景象，也是組織現況與未來景象間的橋梁，目的是在凝聚組織成員的理想，激發共同努力的方向。

全球晶圓代工龍頭台積電的願景是要成為全球最先進及最大的專業積體電路技術及製造服務業者，並且與無晶圓廠設計公司及整合元件製造商的客戶群，共同組成半導體產業中堅強的競爭團隊。為了實現此一願景，台積電必須擁有三位一體的能力：

1.是技術領導者，能與整合元件製造商中的佼佼者匹敵。

2.是製造領導者。

3.是最具聲譽、以服務為導向，以及客戶最大整體利益的提供者。

其他知名企業也都曾塑造打動人心的願景，例如谷歌（Google）的「讓人們一按滑鼠就得到全世界的資訊」、諾基亞（NOKIA）的「讓人跟人之間的聯繫更緊密」、酷聖石（Cold Stone Creamery）的「為世人帶來極致的冰淇淋品嚐經驗」、捷安特（GIANT）的「與世界每個角落的人，分享騎乘的快樂體

驗」等。

卓越的企業通常都有明確的、簡潔的願景，使得員工更熱愛工作，對團隊更具有向心力，縱然團隊成員遇到問題與障礙時，克服困難的療傷能力也會比較強。難道願景指引著解決問題的動能僅止於企業領導人，主管人員或工程師不需要願景的指引？我們可以從績效卓越的蘋果電腦看出端倪，當蘋果電腦CEO賈伯斯勾勒出「打造一部一般人都能使用的電腦」之願景，深信小小的一部蘋果電腦就足以讓世界更美好，讓更多人的生活更豐富。這個願景簡易、清晰且吸引人，雖然蘋果公司的走道上沒有張貼願景宣言，但每個員工都深植於心中。

賈伯斯的團隊成員在解決問題的過程中，每當迷失了方向，賈伯斯就會指引他們再度聚焦在願景上，有一次，為了要解決麥金塔電腦開機時間過長的問題，對他的團隊成員賴瑞·肯揚（Larry Kenyon）的一段鼓勵的話：

> 「你知道有多少人會使用這款電腦？答案是數百萬
> 人。倘若把開機時間縮短5秒，每天乘以100萬次，等於
> 50個人的一生。如果你能夠省下這5秒鐘的時間，相當
> 於每天救活了50條人命。」

於是，蘋果團隊成員解決了問題，達成了縮短開機時間的目標。如果沒有願景，再大的熱忱也沒有方向，無論是企業領導

人、主管人員或是基層員工,解決問題都需要願景的指引,再加上服務的熱忱。相較之下,微軟公司(Microsoft)解決問題的力量可就大相逕庭了。

蘋果的新一代平板電腦iPad於2010年4月推出上市後,銷售成績相當驚豔亮眼,一個月的時間就賣出100萬台。你是否依然認為賈伯斯是唯一發現平板電腦有著巨大市場商機的人。不,微軟公司的領導者比爾‧蓋茲早在平板電腦iPad上市九年前,就曾對未來PC市場做出真知灼見的預言:「平板電腦將會運用最先進的PC技術,彌補現況PC的不足,將後置運算功能移植到每位員工的辦公桌,使得大眾可以隨時隨地使用。預估不到五年的時間,它將在市場上大放異彩。」令人納悶的是,PC產業的「龍頭」微軟為何無法在平板電腦上領先群倫,成為世界的佼佼者?

微軟前副總裁迪克‧布拉斯(Dick Brass)曾經說道,「儘管我們微軟擁有全球最頂尖且最具規模的實驗室,以及三名首席技術長,但是企業文化扼殺了那些前瞻性的創新思維。」早在2001年布拉斯就帶領著團隊成員著手研發平板電腦,建議對Office軟體能夠進行修改,以利在平板電腦上完美的運行。可是這項任務結果如何呢?當時的微軟副總裁並不支持這樣的做法,布拉斯的提案被否決了,從此,微軟的平板電腦專案小組也就打退堂鼓了。

微軟在組織的運作上,不同研發小組的業務工作會形成不同的利潤中心,有些小組只會從本位主義來著想,這種的企業文化

很有可能造成各自為政，使得許多創新的項目胎死腹中，最為明顯的是平板電腦這個案例，導致微軟錯失商機。倘若微軟能如同打造出像蘋果從激勵人心的「打造一部一般人都能使用的電腦」願景，以及強有力的領導者鼓吹與執行，也許可破除各自為政的藩籬，微軟在平板電腦上的地位就不可同日而語了。

　　蘋果與微軟在解決問題上有一個重大差別是，賈伯斯用他強大的願景指引著團隊，並確保著每個團隊成員在解決問題的活動，都與願景的理念保持相當的一致性。

　　解決問題帶來創新的動力，到底來自何方？答案是：來自於令人信服的願景。因為它將會以無比的振奮心情「排除萬難」而不被「萬難所排除」。當人們愛上你的價值服務，有了你，而讓世界更美好，再困難的問題，也都會甘之如飴。如果，你已經深刻體認解決問題的目的在於，創造人類幸福的生活，賺錢只不過是一種工具或手段而已；那麼，解決問題的過程將是一種享受，是的，來自於願景的激勵、奔赴崇高目標、樂於解決問題，人生將會是充滿意義且幸福快樂。解決顧客的難題，是企業存在的天職，無論是解決「事」或「人」的難題，最終目的是「化繁為簡」、「離苦得樂」，金錢的收入只不過是衍生的附產品而已。如果你也這麼如此認為，恭喜你！樂於解決問題將引領著你，一同踏尋「追求卓越」的旅程。

# 策略性的思考與執行

一、試列舉哪些具體作法，可以增進活化右腦神經？

二、試舉例自己在工作上面臨的問題，哪些是「直接控制」的問題？
「間接控制」的問題？「不可控制」的問題？

三、試著思考與說明：
　　1.觀過念怨對自己和別人有什麼壞處?
　　2.觀功念恩對自己和別人有什麼好處?
　　3.不做觀功念恩，有何影響?

# 石博仁老師專訪特寫

## "How the Elite Solve Problems"
## 「精英如何解決疑難問題」

### President SHIH Po-jen, a famous problem solver

### 石博仁總經理 解決疑難問題名家

Mr. SHIH Po-jen, President of EZ DONE Company is one of the most famous and active management consultants in Taiwan. Nearly 100 firms have accepted his instructions and guidances. And he said that he "has accumulated field experiences of over 1,500 sessions." Among the 100 firms are Acer Group, Quanta Group, BenQ Group, Kinpo Group, D-Link Group, E-United Group, Cathay Group (Taiwan), and Sinyi Realty, etc. For 11 years in succession he was selected as a famous management consultant by the Management Magazine. President Shih specializes in giving lectures on "problem analysis and solving" as well as helping businesses solve various problems in organizational operations, strategic planning, and setting of annual targets for key performance, and also helping them effectively implement the set targets and keep track of them. He is the author of "Management Competency." He was authenticated as an elite instructor on business digital learning by Harvard Business School Publishing in 2006.

　　育群創企管顧問股份有限公司總經理石博仁先生，是一位台灣最活躍的企管名師。輔導培訓企業上百家。他說「實戰經驗超過1,500場次」，其中有宏碁集團、廣達集團、友達明基集團、金仁寶集團、友訊集團、燁聯集團、（台灣）國泰集團與信義房屋等，已連續11年被《管理雜誌》評選為企管名師。石總經理專門授課「問題分析與解決」，以及從事協助企業解決組織運作，策略規劃，制訂年度關鍵績效目標的難題，以及有效地落實執行與追蹤。他是《管理職能實務》的著作者。他在2006年獲得哈佛商學院出版品（HBSP）企業數位學習的菁英講師認證。

　　To help firms solve problems, in addition to giving lectures on "problem analysis and solving," is President Shih's most satisfied achievement. First he would hold a meeting with a firm's management, to conduct consultation, and to create an effective operational model for the firm through discussion. For example, what strategic topics every business group should focus on; how the key annual performance targets are created in consensus with managers; how the organizational targets evolve into individual action targets, etc. And then, at different phases he would advise a firm to gather every manager to attend training courses. The managers would sit in a lecture and meanwhile practice practical operations with President Shih standing by to supportively provide necessary instructions. The managers would be encouraged to participate positively in discussions, to make promises, to reach a consensus, and then to effectively help their inferiors in their implementation and tracking.

　　除了授課「問題分析與解決」外，協助企業解決難題是石總經理最感到滿意的成就。首先他會與企業高階主管開會，進行顧問診斷，討論出該企業有效的成功營運模式。例如：每個事業群該聚焦哪些策略議題，如何與經理人有共識地制訂年度關鍵績效目標，經由組織目標展開至個人行動目標等。接下來，分階段集中每位經理人參與課程訓練。他們邊聽課邊實務演練操作，石總經理在旁協助指導，使他們積極參與討論，產生承諾，形成共識，以及有效協助部屬執行與追蹤。

The management of a certain listed corporation were confronted for a long time with problems of organizational operations in their four big business groups, overseas subsidiaries, nine large departments, etc. Through President Shih's consultative guidance and training courses, they solved their problems, and also established organizational managers' "common language" in management so as to have increased the efficiency of their organizational operations.

　　某家上市公司高階主管長期以來面臨四大事業群、海外子公司、九大部門等組織運作的問題所困擾。經由石總經理的顧問輔導與課程訓練，解決了他們的難題，也建立了組織經理人的管理「共同語言」，提升了組織運作的效能。

Before that, the aforesaid firm had sought other specialist consultants to solve the problems of their organizational operations. However, for several years more complicated problems were derived on the contrary, thus made the managers at a loss as how to deal with the situation. It was rather difficult to correct the wrong way of organizational operations toward an effective and successful operational model. President Shih solved such complicated problems by taking the benchmark model of successful operations for firms as an example, using a "pictorial" briefing which he himself was expert at, and additionally applying his own experience as a specialized consultant and instructor.

在此以前，該企業曾尋求其他專家顧問來解決組織運作的難題。但幾年下來，反而衍生出更複雜的問題，使得經理人不知所措。要從錯誤的組織運作方式，導正為有效的成功營運模式，是非常困難的。石總經理舉例標竿的企業成功營運模式，以及其個人擅長的「圖解式」的簡報，加上他專業顧問與講師的經驗，解決了這種複雜的難題。

The Framework for Problem Solving of Princeton University, USA, are (1) understanding the problem; (2) making a plan of solution; (3) carrying out the plan; (4) looking back i.e. verifying (that the problem has been solved). University of Pittsburgh, USA, indicates that there are seven main steps to follow when trying to solve a problem. These steps are (1) define and identify the problem, (2) analyze the problem, (3) identify possible solutions, (4) select the best solutions, (5) evaluate solutions, (6) develop an action plan, and (7) implement the solution. President Shih said that there are many ways of frameworks or steps for problem solving, and his own to be used often on firms are:

Step 1: Phenomenon characterization — grasping the "people, matter, time, place and object" related to occurrence of the problem.

Step 2: Problem identification — whether any "gap" between the actual situation and the target value.

Step 3: Finding out the cause — finding out the multifarious causes which brought about the problem.

Step 4: Working out countermeasures — giving priority to working out improvement countermeasures for those "controllable causes."

Step 5: Action tracking — using the four key elements of "timeliness, feasibility, effectiveness, and investment amount" to make decision analysis, and to conduct improvement action and tracking.

美國普林斯頓大學解決疑難問題的準則是：(1)瞭解難題的原由；(2)擬妥解決方案；(3)執行這個解決方案；(4)回顧即證實（難題已獲解決）。美國匹茲堡大學概略地陳述，試圖解決疑難問題時，有七個主要步驟須遵循，這些步驟是：(1)界定並確認該問題；(2)分析該問題；(3)確認可行的解決辦法；(4)選取幾個最好的解決辦法；(5)評估這些最好的解決辦法；(6)詳細制定行動計畫；(7)執行選定的解決辦法。石總經理說解決難題的準則方式或步驟有很多種，他自己在企業上常用的為：

第一步：釐清現象──掌握問題發生的「人事時地物」。

第二步：確認問題──實際狀態與目標值之間是否有「落差」。

第三步：找出原因──找出造成問題的多重原因。

第四步：制定對策──針對「可控的」原因，優先制定改善

對策。

　　第五步：行動追蹤——利用「時效性、可行性、成效性、投資額」四大關鍵要素來做決策分析，實施改善行動與追蹤。

　　President Shih added that another set of steps for problem solving are:

Step 1: Define the problem.

Step 2: Establish a problem solving team and set up a target.

Step 3: Work out a tentative countermeasure.

Step 4: Find out the real cause of the problem.

Step 5: Develop feasible countermeasures.

Step 6: Select the permanent countermeasure.

Step 7: Carry out and verify the permanent countermeasure.

Step 8: Prevent recurrence and get standardization.

石總經理說解決難題的另一套步驟是：

第一步：確認問題的本質與範圍。

第二步：成立解決問題小組與設定目標。

第三步：擬定暫時性對策。

第四步：找出問題真正原因。

第五步：發展可行性對策。

第六步：選定永久性對策。

第七步：執行及驗證永久對策。

第八步：防止再發及標準化。

There are problem solving courses in some foreign universities and secondary schools including UK's University of Oxford and USA's Quincy High School. So far it seems no such courses are offered by universities or schools in Taiwan to help students develop problem solving skills. When asked about his opinion in this regard, President Shih said: "According to a survey statistics of 'the 20 major competencies in businesses,' 'problem solving' ranked first with 25.3% importance. That indicates enterprises attach great importance to the capabilities of their employees for recognizing, analyzing and solving problems. In his book, the Chinese version of 'How to Improve Your Management Capability' in Japanese, management guru Dr. Kenichi Ohmae lists the 'capability of problem solving' as one the capabilities which new-generation elite must have. On the other hand, Ford Lio Ho (Motor Company) which once won the distinct honor as 'Asia's best employer' ordered that all its employees had to accept 'problem solving' on-line learning. Therefore, Taiwan universities should put 'problem solving' among the compulsory courses for evey student."

某些外國大學與中學，包括英國牛津大學與美國昆賽中學，有解決難題的課程。到現在為止，台灣的大學或中學似乎還沒有開這種課，來協助學生增進解決難題的技巧。被問及在這方面有什麼高見時，石總經理說：「經『企業20大職能』調查統計，『問題解決』以25.3%的重要性排名第一，顯示企業相當重視員工的辨識、分析與解決問題的能力。管理大師大前研一在譯自日文的中文本《即戰力》一書中，將『問題解決力』列為新世代菁英的必備能力之一。另外，曾獲得『亞洲最佳雇主』殊榮的福特

六和（汽車公司）令所有的員工必須接受『問題解決』線上學習。因此，台灣的大學應該將『問題解決』列為每位學生必修的課程。」

President Shih said: "The key to problem solving lies in determination and method. Generally speaking, a success usually has made a strong determination and found the correct method and process; a failure has never made any determination, and additionally has found excuses. In the process of solving a problem if difficult is felt it means his capabilities fall short, and if troublesome is felt it means his method is incorrect. While solving a problem, in addition to expertise and experience, one must have method and process. If the early stage is wrong, the follow-ons will be wrong at every stage, and lead him on a wild-goose chase. No matter to solve a problem r elated to a 'matter' or a 'person,' the ultimate purposes are 'simplification' and 'hardship release for happiness.'"

石總經理說：「問題解決的關鍵在於決心與方法。一般而言，成功的人是下定了強烈的決心，找到了正確的方法與步驟；失敗的人從不下定決心，而且還找了一些藉口。在解決問題的過程中，感覺困難，代表能力不夠；感覺麻煩，代表方法不對。解決問題時，除了專業與經驗外，必須要有方法與步驟，如果前段錯了，後段將會步步錯，導致白忙一場。無論是解決『事』或『人』的難題，最終目的是『化繁為簡』，『離苦得樂』。」

撰稿人／劉雲适

President Shih (standing) is at a lecture on "work sequence and problem improvement" for Kinpo Group. After trainees' performance results have been pasted on screen panels and their reports have been delivered on the platform, he is conducting a session for content feedback and correction.

石總經理（站立者）出席金仁寶集團「工作排序與問題改善」課程。學員演練的實作成果貼在屏風上，進行上台發表報告後，立即針對內容做回饋與修正。

President Shih (center) is invited by trainees to pose with them after a lecture on "problem analysis and solving" has been given by him for Cathay Group (Taiwan) because the trainees are rather satisfied with their performance results which have been pasted on the background wall, from left are fishbone diagram, system diagram, and analytical table of decision making.

石總經理（中）為（台灣）國泰集團講授「問題分析與解決」課程後，獲邀跟學員合照，因為學員對於實作產出的成果相當滿意，背景牆上貼的由左至右為他們實作的魚骨圖、系統圖與決策分析表。

President Shih (center) is posed with his tactful father, Mr. Shih Jin-tai and his devoted Buddhist mother Mrs. Shih nee Hsu Hsi-liang. He said that their tact and devotion have profoundly influenced his whole life.

石總經理（中）跟處世圓融的父親石金太先生與虔誠學佛的母親石許喜良女士。他說他們的圓融虔誠影響他的一生甚深甚遠。

# 學員見證與心得

石博仁老師「問題分析與解決」課程評論（非常棒的一堂課）

這堂課沒時間塗鴉，事後補上一張Stone老師的肖像畫，給大家欣賞！^^

我對課程的評價如下：

理論結構：優！

問題分析領域的「骨幹等級」的重要概念都具備，而且整個

課程中，前後主題環環相扣，條理分明，像是講師界的鋼骨大樓一樣，結構非常優良。

這是我後來複習時，才發現的。剛上完課時，並沒有特別的感覺，因為整個課程，實在太順、太理所當然了⋯⋯

實作練習：優！

最棒的部分，是每個「理論」一定有「練習」收尾，不斷輪流重複著口頭說明與學員實作，確保我們真的瞭解他所說的概念。且時間抓得很準。整個課程節奏，非常的緊湊且有效率（完全沒時間塗鴉！），讓人覺得很high、很爽、很值回票價（像我這種自掏腰包來上課的人，會覺得錢花得很值得）。

密度：優！

不僅骨架優，內容也非常紮實。紮實來自於，Stone老師「非常有效率」、「不廢話」的進行以下工作：

A.每個上位的概念，都會釐清：

1.它是什麼

2.它不是什麼

3.它容易被誤認為什麼

4.實際出現時是什麼狀況

5.我們一起來試試看辨認它

B.每個實作的方法，都會釐清：

1.有哪些步驟

2.順序是什麼

3.應該要怎樣做

4.實際做的時候常常忽略什麼

5.需要什麼工具來做（附上會用到的文件表格）

6.做完怎麼收尾（講到這裡，老師就會把主軸，很順的帶回
整個課程的骨幹）

Stone老師最棒的地方，在於他對細節、流程、人類思緒的死
角，洞察入微，可以一針見血的點出「眉眉角角」的地方，讓人
有「茅塞頓開」的感覺。相較之下，許多講師只會複誦理論，完
全沒有做到「指導」、「教練」的工作（而且常常連理論都講不
清楚），打完嘴砲後，什麼也沒留給學生，那種課程就真的像是
錢丟大水溝裡了……還好目前為止，只有1.5堂課是那樣，反正剛
好是我比較不需要的部分，所以就算了。

完整度：優！

老師極盡所能，把問題分析領域的知識，編進課程裡，令人
感動！最後附上的書單，一看就知道很實用，真是處處替學生著
想的人……

技巧：優！

身為專業講師的技巧都很讚，包括：說故事暖場，很自然的
拉近距離、用實質的肯定態度來鼓勵發言、用有趣問題來吸引注
意力、像DJ一樣帶動氣氛（十巧手……^^b）

Stone老師最棒的地方，也是其他老師都沒做到的地方，就是

他「完全不會讓學生感到挫折」。對學員問的問題，都是他方才講解過的內容，提問時，會一而再、再而三的暗示大家，誘導我們回答出正確的答案。即使回答錯了，他也不會批評，只會繼續耐心的暗示我們。一個非常有耐心與器度的人。

熟練度：優！

一整個覺得，同樣的課程他已經講過幾百次，變成超級SOP，滾瓜爛熟到不行。

魅力：優！

腦袋超級清晰，個性超級溫柔，這種人，一開始很容易感覺不到他的存在，因為一切都進行得太順利了。我剛上完課，只覺得自己很開心，但對老師一點印象都沒有。直到後來複習時，開始分析Stone老師的課程，越分析，越心驚膽戰，他做的真完美，當他的競爭對手一定很慘，還好我不用跟這種人正面交鋒。

附加價值：優！

跟課程無關的一項收穫，是「十巧手」的太極拳活動……自從上完石老師的課後，我沒事就會雙手拿起來敲敲打打，而且打完兩手熱呼呼的，好舒服～^_^

推薦度：不枉此生！

推薦到破表，最棒的講師之一！

學員　藍一婷（Dr. Blue）

中華民國牙醫師、醫學繪圖插畫家

國家圖書館出版品預行編目資料

企業問題分析與解決 / 石博仁著.
　　-- 初版.-- 新北市：揚智文化，
　2013. 01
　面 ； 公分
　　ISBN 978-986-298-075-0（平裝）

　1. 企業管理

494　　　　　　　　　　101027132

# 企業問題分析與解決

著　　　者／石博仁
出　版　者／揚智文化事業股份有限公司
發　行　人／葉忠賢
總　編　輯／閻富萍
地　　　址／新北市深坑區北深路三段 260 號 8 樓
電　　　話／(02)8662-6826　　(02)8662-6810
傳　　　真／(02)2664-7633
網　　　址／http://www.ycrc.com.tw
　E-mail ／ service@ycrc.com.tw
印　　　刷／鼎易印刷事業股份有限公司
　I S B N ／978-986-298-075-0
初版一刷／2013 年 01 月
定　　　價／新臺幣 320 元